ホネからわかる生きものたちの進化と生態

えぞホネ団Sapporo●監修

メイツ出版

私たち人間（ヒト）は赤ちゃんとしてこの世に生まれ、誰に教わらずとも自然とその足で直立二足歩行を始めます。

また地球にはヒトのほかにもさまざまな動物が暮らし、それぞれが環境に適応して種を繁栄させています。

実は、私たちが自分の足でしっかりと歩けるのも、動物たちが自分たちの特徴を活かして生き抜いている理由も、体の中にある「骨」という大切な仕組みに秘密があります。

骨は体を支え、内臓や大切な器官を守るだけではなく、動かすための力を生み出す役割も果たしています。

ヒトはもちろん、魚、鳥、さらには古代の恐竜まで、いろいろな生き物がこの骨を進化の中でうまく利用し、活用してきました。

それぞれの生き物がどんな骨を持ち、どのように体を動かしているのかを知ると、自然界の不思議や工夫に気付くことができます。

さあ、本書籍で奥が深い、骨の世界を覗いてみましょう!

はじめに 2

第1章 動物の骨

ヒトの骨の役割や特徴を見てみよう! 8
骨の中はどうなっているの? 10
1 ヒト 12
2 イヌ 14
3 ネコ 16
4 ウマ 18
5 キリン 20
6 カンガルー 22
7 コウモリ 24
8 ライオン 26
9 ゾウ 28
10 カバ 30
11 ジャイアントパンダ 32
12 アルマジロ 34
13 アリクイ 36
14 オランウータン 38
15 イッカク 40
16 タラ 42
17 サメ 44
18 マンボウ 46
19 カエル 48
20 カメ 50
21 ヘビ 52
22 ワニ 54
23 トカゲ 56
24 カラス 58
25 フラミンゴ 60
26 ペリカン 62
27 ペンギン 64
28 ダチョウ 66
コラム1 動物の角は骨の一部なの? 68

第2章 太古の生物の骨・化石

恐竜の時代と化石 70
29 ティラノサウルス 72
30 ステゴサウルス 74
31 トリケラトプス 76
32 アンキロサウルス 78
33 ディプロドクス 80
34 プテラノドン 82

35 オフタモサウルス 84
36 マンモス 86
37 スミロドン 88
38 アーケオプリテクス 90

コラム❷
進化と退化 92

第3章　骨の魅力

骨の世界へようこそ! 94
骨標本の作り方[手順編①] 96
骨標本の作り方[手順編②] 98
骨標本の作り方[あったら便利な道具編] 100
生活の中から骨を探す[キンキ・タイ編] 102
生活の中から骨を探す[アンコウ編] 104
生活の中から骨を探す[チキン編] 106
生活の中から骨を探す[豚足編] 108
生活の中から骨を探す[スッポン編] 110
生活の中から骨を探す[牛テール編] 111
生活の中から骨を探す[乳歯編] 112
生活の中から骨を探す番外編[ウニ殻] 113
骨は語る①けがの跡がわかる骨 114
骨は語る②死の原因が分かる骨 116
骨は語る③刃物の跡がある骨 118
骨は語る④鳥特有の骨髄骨 119
骨も生きている! 120
ラベルを付ければ立派な標本! 122

コラム❸
落ちた角のリサイクル!? 123
骨を知って骨を楽しむ 124
用語集 126

この本の使い方

本書では第1章を「動物の骨」、第2章を「太古の生物の骨・化石」と題し、各動物の骨の特徴を紹介。第3章「骨の魅力」では、実際に骨格標本の作り方などを交え、骨についてさらに深掘りして紹介しています。

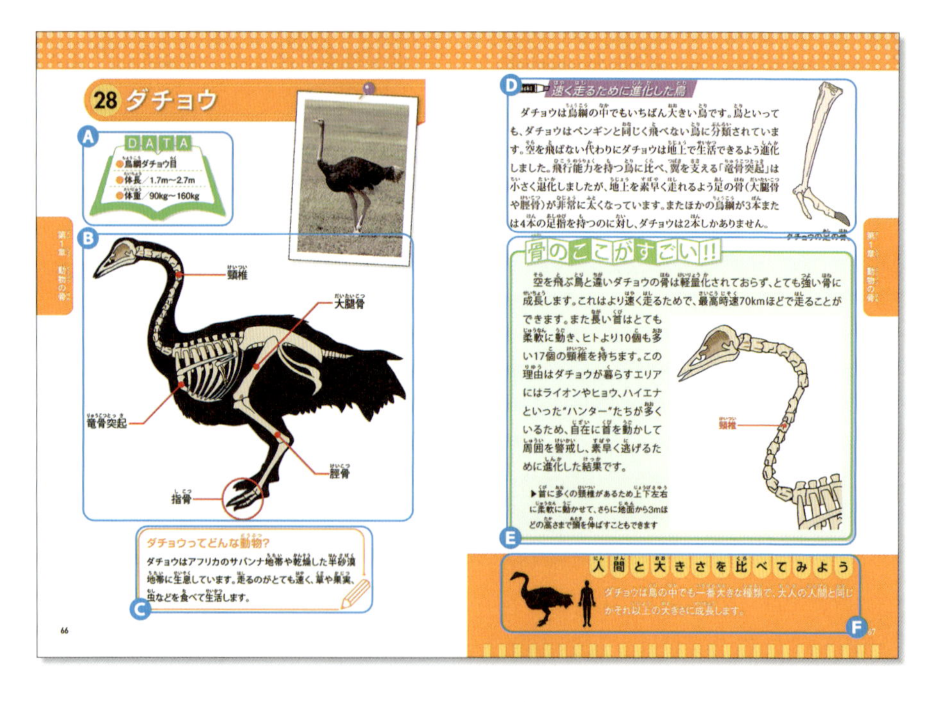

28 ダチョウ

A DATA
- 鳥綱ダチョウ目
- 体長／1.7m～2.7m
- 体重／90kg～160kg

第1章 動物の骨

B 頸椎 大腿骨 竜骨突起 脛骨 指骨

C ダチョウってどんな動物？
ダチョウはアフリカのサバンナ地帯や乾燥した半砂漠地帯に生息しています。走るのがとても速く、草や果実、虫などを食べて生活します。

66

D 速く走るために進化した鳥
ダチョウは鳥綱の中でもいちばん大きい鳥です。鳥といっても、ダチョウはペンギンと同じく飛べない鳥に分類されています。空を飛ばない代わりにダチョウは地上で生活できるよう進化しました。飛行能力を持つ鳥に比べ、翼を支える「竜骨突起」は小さく退化しましたが、地上を素早く走れるよう足の骨（大腿骨や脛骨）が非常に太くなっています。またほかの鳥綱が3本または4本の足指を持つのに対し、ダチョウは2本しかありません。

E 骨のここがすごい!!
空を飛ぶ鳥と違いダチョウの骨は軽量化されておらず、とても強い骨に成長します。これはより速く走るためで、最高時速70kmほどで走ることができます。また長い首はとても柔軟に動き、ヒトより10個も多い17個の頸椎を持ちます。この理由はダチョウが暮らすエリアにはライオンやヒョウ、ハイエナといった"ハンター"たちが多くいるため、自在に首を動かして周囲を警戒し、素早く逃げるために進化した結果です。

頸椎

▶首に多くの頸椎があるため上下左右に柔軟に動かせて、さらに地面から3mほどの高さまで頭を伸ばすこともできます

F 人間と大きさを比べてみよう
ダチョウは鳥の中でも一番大きな種類で、大人の人間と同じかそれ以上の大きさに成長します。

67

A 動物の分類階級、またその動物の体長・体重の最小値・最大値を紹介。

B 動物の骨の骨格図とシルエットを掲載し、特徴的な骨のほか数か所をピックアップして紹介。

C 動物の主な生息地や食性などを紹介。

D 動物の生態について、特に特徴的な行動や体の造りを紹介。

E 動物の骨格について、特に重要な役割を持つ部位や特徴的な構造をピックアップして紹介。

F 動物の大きさについてヒトを比較対象に並べて紹介。

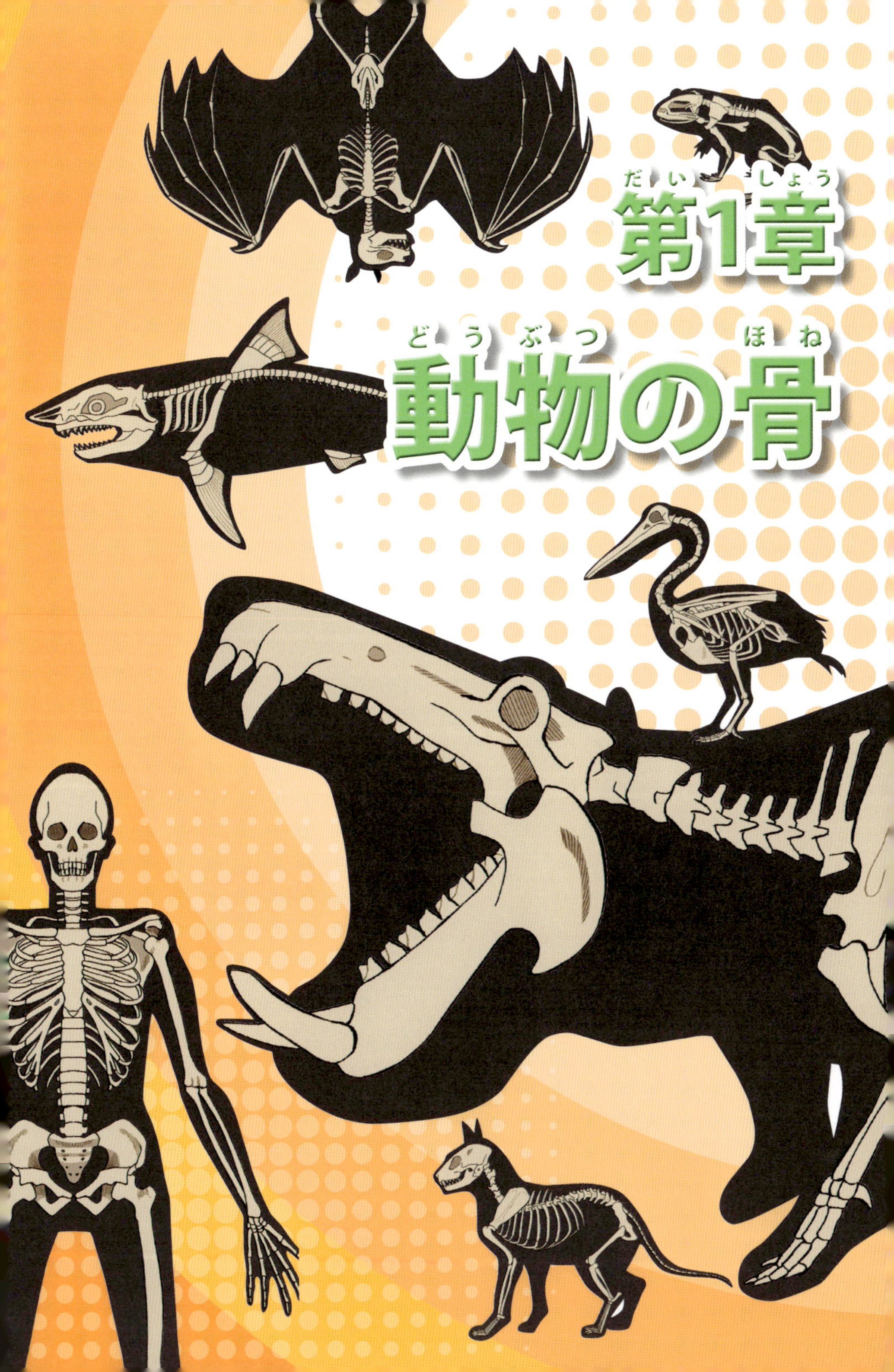

第1章（だいしょう）
動物の骨（どうぶつのほね）

ヒトの骨の役割や特徴を見てみよう！

私たちヒトの体には200個を超える骨があります。それぞれ形が違い、お互いがうまく組み合うことで私たちの体を作っています。この骨が組み合わさったものを「骨格」といい、大切な臓器を守ったり体を動かしたりする役割を担っています。

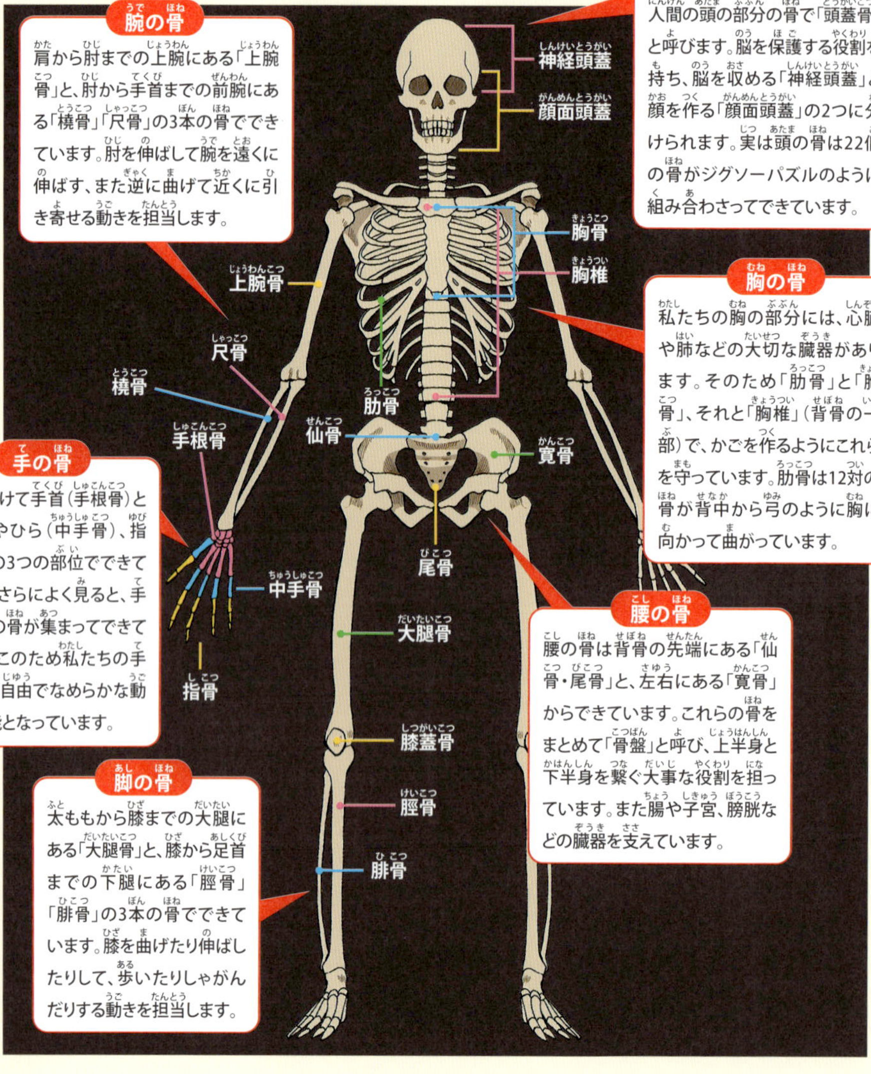

頭の骨

人間の頭の部分の骨で「頭蓋骨」と呼びます。脳を保護する役割を持ち、脳を収める「神経頭蓋」と顔を作る「顔面頭蓋」の2つに分けられます。実は頭の骨は22個の骨がジグソーパズルのように組み合わさってできています。

腕の骨

肩から肘までの上腕にある「上腕骨」と、肘から手首までの前腕にある「橈骨」「尺骨」の3本の骨でできています。肘を伸ばして腕を遠くに伸ばす、また逆に曲げて近くに引き寄せる動きを担当します。

胸の骨

私たちの胸の部分には、心臓や肺などの大切な臓器があります。そのため「肋骨」と「胸骨」、それと「胸椎」（背骨の一部）で、かごを作るようにこれらを守っています。肋骨は12対の骨が背中から弓のように胸に向かって曲がっています。

手の骨

大きく分けて手首（手根骨）と手の甲やひら（中手骨）、指（指骨）の3つの部位でできています。さらによく見ると、手は27個の骨が集まってできています。このため私たちの手は細かく自由でなめらかな動きが可能となっています。

腰の骨

腰の骨は背骨の先端にある「仙骨・尾骨」と、左右にある「寛骨」からできています。これらの骨をまとめて「骨盤」と呼び、上半身と下半身を繋ぐ大事な役割を担っています。また腸や子宮、膀胱などの臓器を支えています。

脚の骨

太ももから膝までの大腿にある「大腿骨」と、膝から足首までの下腿にある「脛骨」「腓骨」の3本の骨でできています。膝を曲げたり伸ばしたりして、歩いたりしゃがんだりする動きを担当します。

神経頭蓋
顔面頭蓋
胸骨
胸椎
上腕骨
尺骨
橈骨
肋骨
仙骨
寛骨
手根骨
尾骨
中手骨
大腿骨
指骨
膝蓋骨
脛骨
腓骨

直立二足歩行ができる唯一の動物？

チンパンジーやゴリラ、カンガルーなどの動物は、短い時間の二足歩行をすることがあります。これはあくまで一時的な動きで、ヒトのように日常的な移動手段として二足歩行をする訳ではありません。ヒトは足と脊椎を垂直に立てた「直立二足歩行」ができる唯一の動物なのです。この秘密はヒトの"おわん型の骨盤"にあり、太ももの骨を脊椎に対し垂直に立てることができます。この進化によりヒトは長距離の移動が可能になり、また腕が自由に使えるようになったことで道具を使うなど複雑な行動ができるようになりました。

「物を投げる」のもヒトの得意分野

ヒトは直立二足歩行で腕が自由になったことで肩周りの骨も進化しました。ヒトの肩甲骨は背中に広くかつ平行な位置にあり腕の付け根も胴体の真横にあります。この骨格の構造を持っているので、腕を大きく振り回すことができます。そのため腕を振りかぶることで正確かつ強力に、物を投げることができるようになりました。ちなみにサルやチンパンジーなど他の動物は、腕を振りかぶることはできません。

体を動かすには筋肉も大事！

ヒトの骨格について触れてきましたが、もちろん骨だけでは体を動かすことはできません。骨と関節、そして筋肉が必要です。筋肉が働くことで骨が引っ張られ、骨と骨の間にある関節が多方向に動き体全体を動かすことができるのです。ちなみに骨を引っ張る筋肉は「骨格筋」と呼ばれ、ヒトの体には約600本の骨格筋があります。

骨の中はどうなっているの？

強度と柔軟性を併せ持つヒトの骨

体を支え、臓器などの大切な部分を守る骨の構造は、生物の生活環境によって異なります。ヒトの骨の場合、体重を支えるためにとても頑丈な造りをしています。その表面は硬い緻密質で覆われ、内部には穴がたくさんあいたスポンジ状の海綿質が詰まっています。この造りによって骨は強度と軽さ、柔軟性を両立しているのです。また骨の真ん中あたりには骨髄腔という空洞があり、その中に骨髄というゼリー状の組織があります。骨の成分としては、カルシウムとコラーゲンが約３分の2を占め、残りは水分で構成されています。

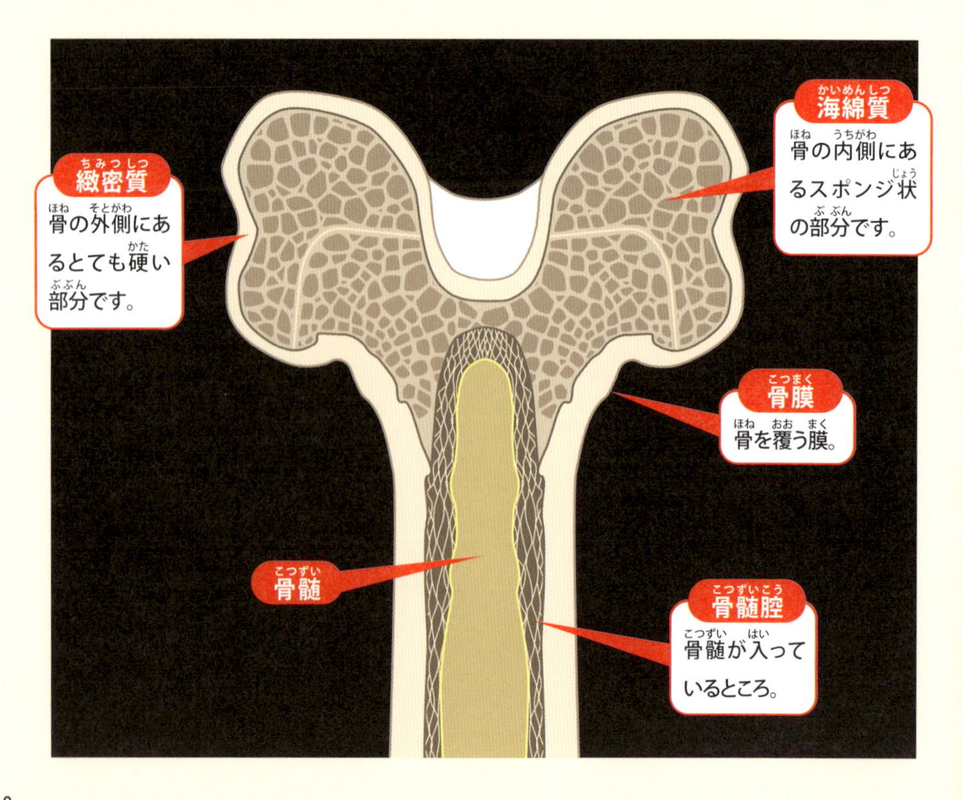

骨髄は血液の工場

骨の中にある骨髄では、体中を流れる血液の成分である血球を作っています。血球は古くなると壊れるため、骨髄では血球の基である造血幹細胞を増殖・変化させ常に新しい血球を作っているのです。生まれてから10代くらいまでは全身の骨で血球を作りますが、大人になると胸や腰などの限定した場所でのみ作られます。

骨髄で作られる血液の成分

赤血球

酸素や二酸化炭素を運びます。

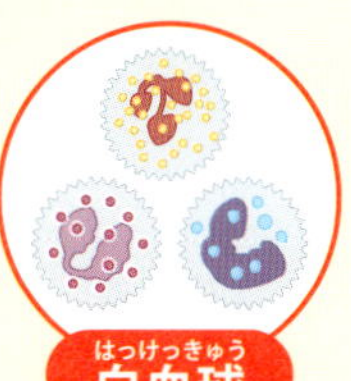

白血球

体に入ってきた病原菌やウイルスを攻撃します。

血小板

ケガなどで血管が破れたときに傷口を塞ぎます。

骨と骨をつなぐ「関節」

骨と骨を繋ぎ、ヒトがスムーズに腕や足を曲げたり捻じったりする動きをサポートしているのが「関節」という部分です。この関節は、数種類の組織が骨を保護する形で成り立っています。骨と骨の間には関節腔という小さなすき間があり、ここに滑膜が作り出す滑液という液体が満たされています。この滑液が潤滑油のような役割を果たすことで、骨同士が滑らかに動くことができます。また骨は堅く、互いにぶつかるのを防ぐため関節軟骨という組織があります。骨の表面を覆う関節軟骨は水分を多く含み、クッションのような役割を果たします。これらの組織が働くことで、筋肉に引っ張られた骨が滑らかに動けるようになります。

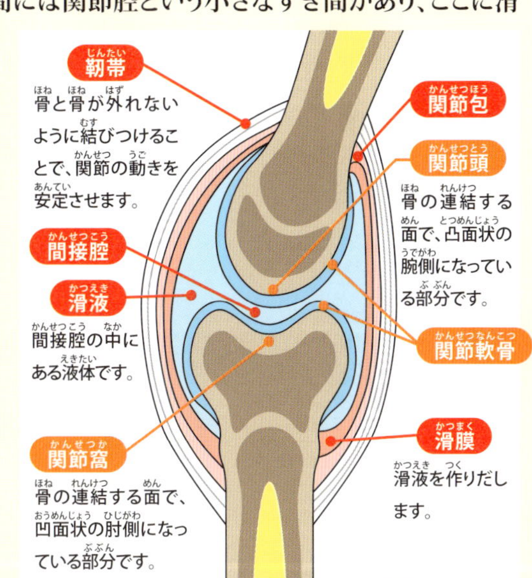

1 ヒト

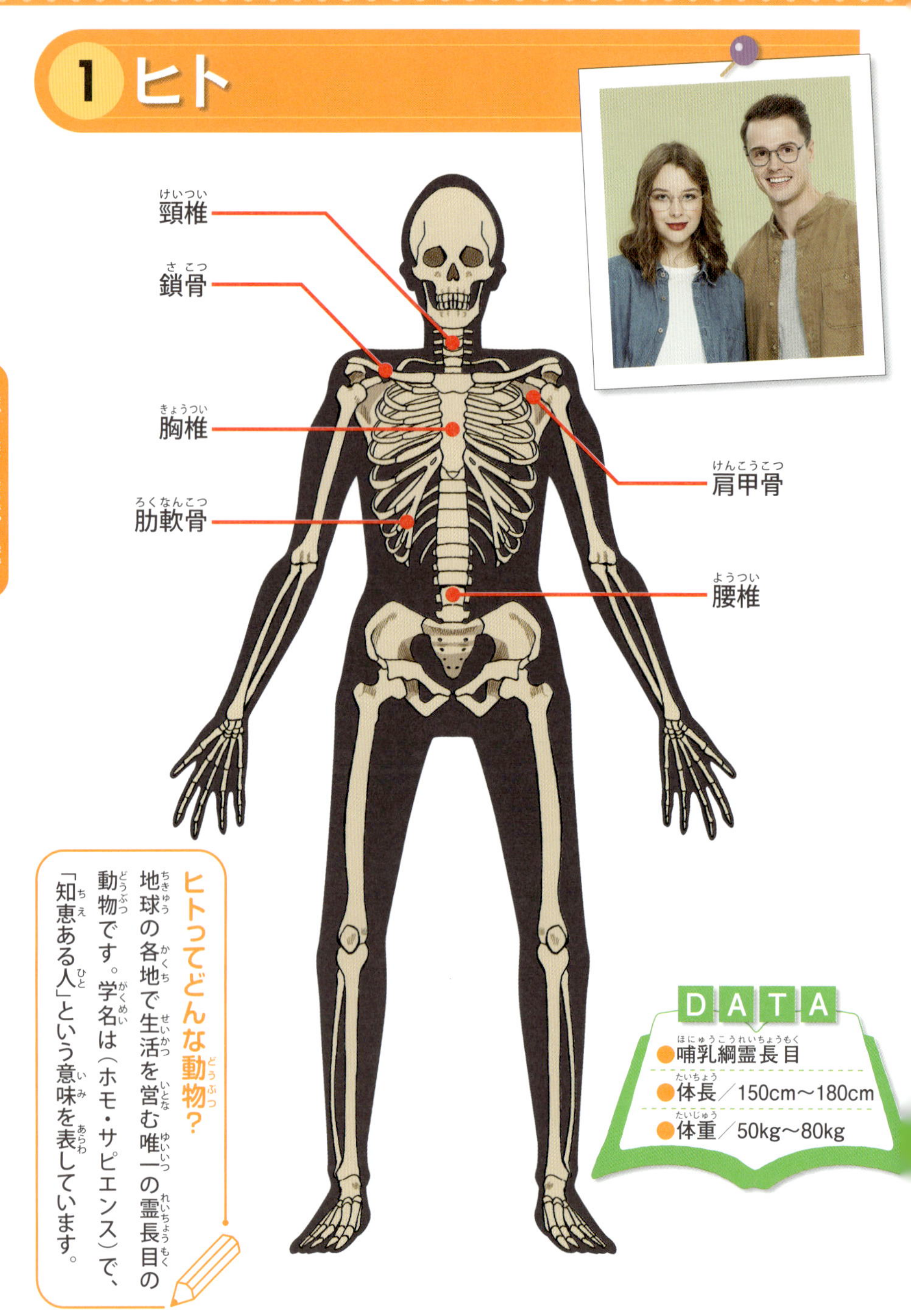

ヒトってどんな動物？

地球の各地で生活を営む唯一の霊長目の動物です。学名は（ホモ・サピエンス）で、「知恵ある人」という意味を表しています。

DATA

- 哺乳綱霊長目
- 体長／150cm〜180cm
- 体重／50kg〜80kg

Check! 大きな脳を保護する頭蓋骨

ヒトを構成する骨はさまざまな点でほかの動物と違う部分があります。その一つが頭蓋骨です。ヒトの脳は霊長目をはじめほかの動物と比べても脳の容量が非常に大きいためヒトの頭蓋骨は丸い球状に近い形をしており、ゴリラやチンパンジーなどは後頭部が平らな形で脳容量も小さいです。またヒトはほかの動物と違い、食べ物を調理して柔かくする文化が発展したことで、顎のサイズが小さくなりました。

骨のここがすごい!!

ヒトが今のように文化や知識を発展させた要因の一つとして、手の器用さが挙げられます。ヒトの肩甲骨は背中側にあり、腕が広い範囲に動かせる構造をしています。またヒトの親指はほかの指と向かい合うことができるため、力強い握りと細かい動きの両立が可能になりました。これにより手で道具を扱う器用さが発達し、人類は文化や知識を発展させました。代わりに、ほかの霊長目の動物に比べて木登りや物を掴む能力は退化しています。

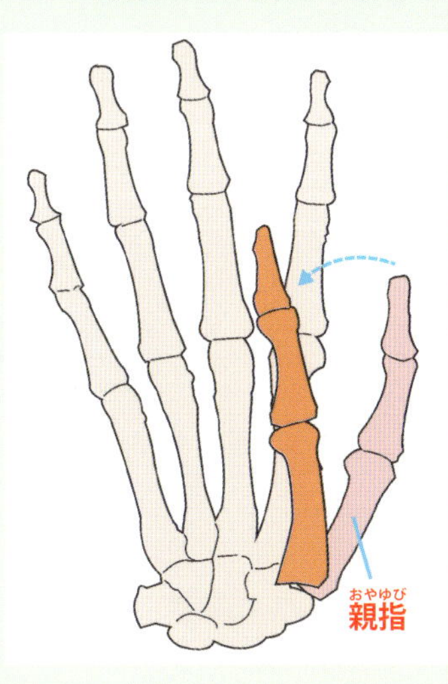

▶親指がほかの指に向かって動ける構造(対向性)を持つことで、自由に手を扱うことができます

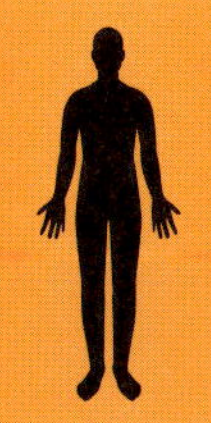

人間と大きさを比べてみよう

一般的なヒトのサイズは成人で150cm～180cm、体重は50kg～80kgです。しかし個人差もあります。

2 イヌ

DATA

- 哺乳綱食肉目
- 体長／15cm～90cm
- 体重／1kg～90kg

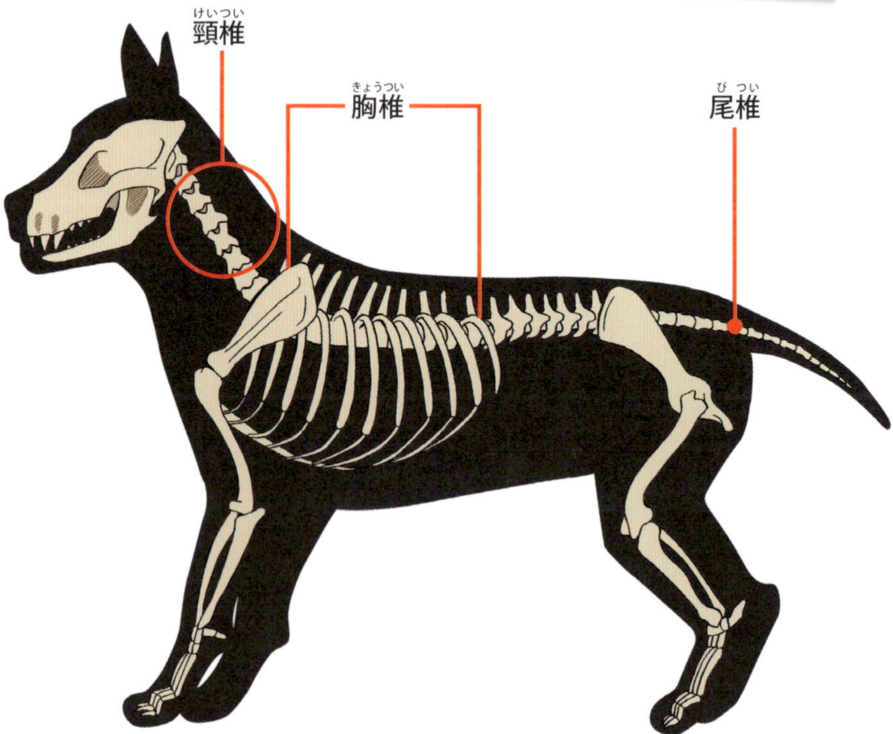

イヌってどんな動物？

イヌは人間が最初に家畜化した動物といわれています。元々は狩猟のパートナーとして利用されていましたが、愛玩用や救助用など幅広く活躍しています。

Check! 常につま先立ち

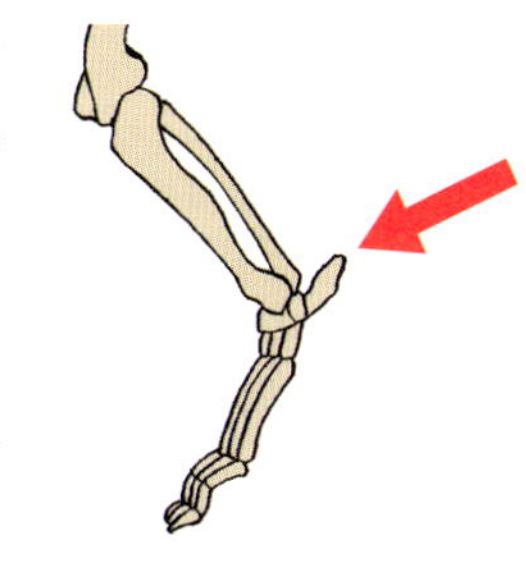

イヌの足を見てみると、かかとを上げてつま先立ちをしています。これは趾行性という歩き方の特徴で、つま先で立つことで足の長さが伸び筋肉や腱のばねの力を活用しやすくなります。獲物を狩るために長時間走ったり、足音を消しやすくする働きがあります。これは先祖であるオオカミから受け継いだ性質です。またイヌのかぎ爪は靴のスパイクのように地面に食い込み、瞬発力を増加させる役割を持っています。

骨のここがすごい!!

イヌの体には肩甲骨と胸骨をつなぐ鎖骨がありません。これはヒトのように手で物を握る機能を持たない動物にとって、鎖骨は不要だったからです。鎖骨がないことで腕を前後に素早く動かすことが可能となり、走るときに地面から受ける衝撃を効果的に分散・吸収することができます。走りにくい場所での走行や急な方向転換、跳躍をすることも可能になりました。しかし鎖骨がないため、腕を開くと体を痛めるデメリットも持っています。そのため、飼育しているイヌを抱きあげる時は注意が必要です。

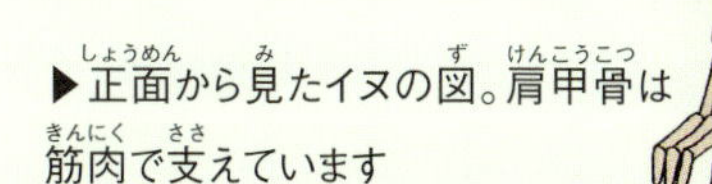

▶正面から見たイヌの図。肩甲骨は筋肉で支えています

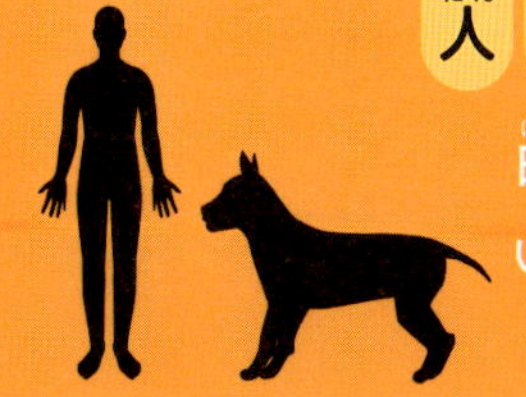

人間と大きさを比べてみよう

日本の固有種秋田犬は体高（立った時の高さ）は67cmくらいあります。

3 ネコ

DATA
- 哺乳綱食肉目
- 体長／20cm～120cm
- 体重／0.9kg～11kg

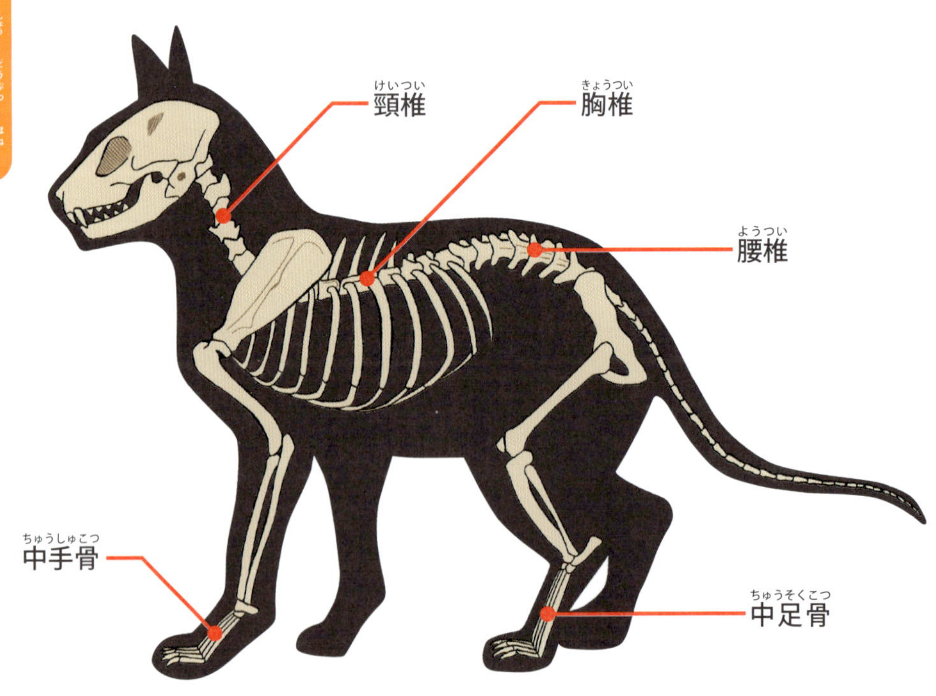

ネコってどんな動物？

ネコは世界中のいたるところに生息しています。人に飼われて生活する「家猫」に加え、ネズミや鳥、カエルなどを捕食する「野猫」がいます。

Check! 見た目に反して肉食？

イヌが雑食なのに対しネコは完全な肉食動物で、単独での捕食行動に特化して骨格が進化しました。短距離での高速移動が可能な柔軟性や俊敏性、大きなジャンプ力を持つこともそれが理由です。ネコが持つ爪は出したり引っ込めたりできる「収縮爪」です。これにより爪を鋭く保ちながら、歩くときは音を立てずに獲物に近づくことができます。ちなみにイヌの爪は「非収縮爪」で常に出しっぱなしです。

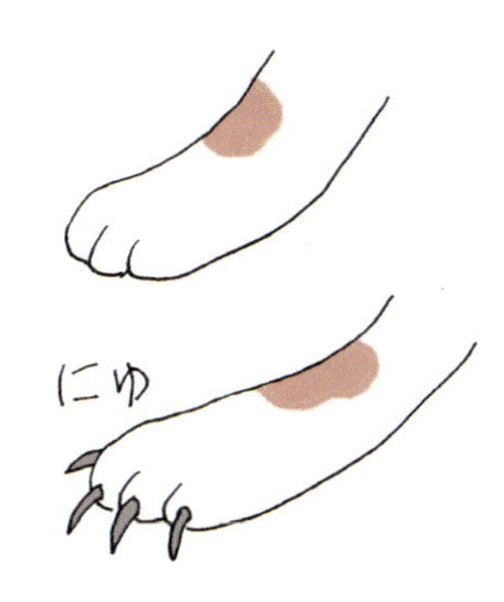

骨のここがすごい!!

ネコの背骨は骨と骨の間の椎間板や靭帯が柔軟で、緩やかな筋肉で繋がっているので背中全体が「バネ」のようにしなります。イヌと比べてネコのジャンプ力が高い秘密はここにあり、背骨を曲げて全身でエネルギーを蓄え跳んでいます。この柔軟性によりネコは自分の体高の約5〜6倍もの高さを跳び着地の衝撃も吸収します。またイヌと同じく鎖骨が退化し腕を前後に素早く動かせます。よく「猫は液体」と表現されますが、骨格が生み出すしなやかさによるものなのです。

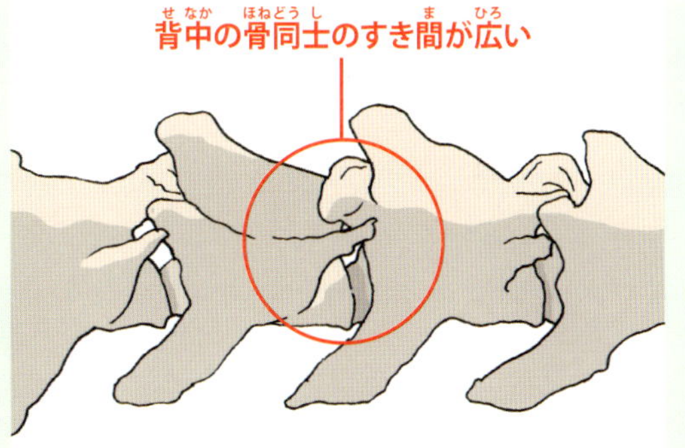

▶背骨は頸椎と胸椎、腰椎からなります。その椎骨の間に適度な可動域があるので、背骨を柔軟に動かすことができます

人間と大きさを比べてみよう

ネコの大きさは種類で大きく変わりますが、一般的に家で飼われる家猫は平均45cm〜60cmほどの大きさです。

4 ウマ

DATA

- 哺乳綱奇蹄目
- 体長／80cm〜300cm
- 体重／20kg〜1200kg

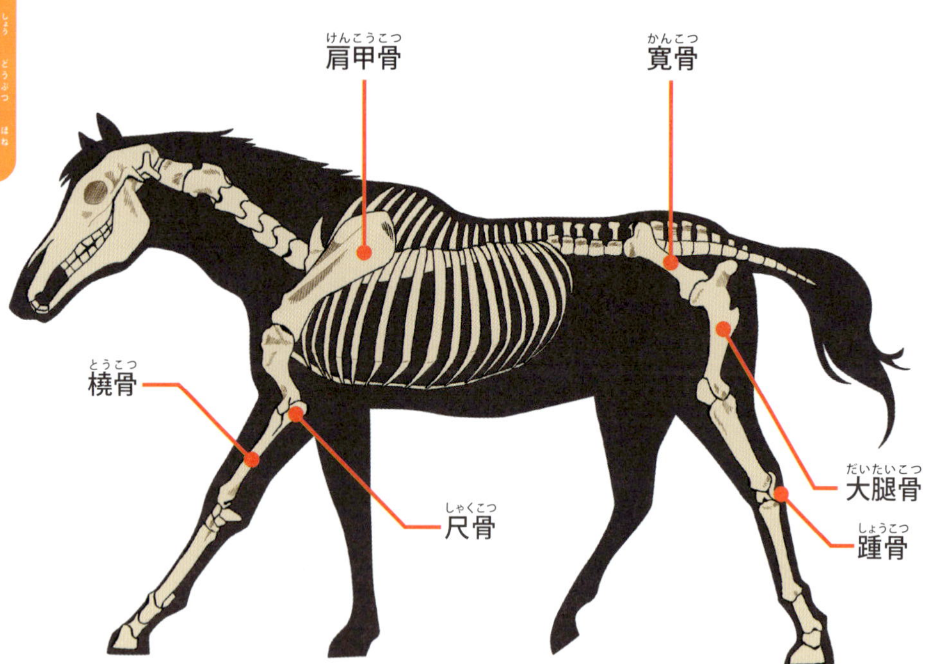

ウマってどんな動物?

ウマは古くから家畜化され現在では世界中で人間とともに生きています。完全な草食性で牧草や干し草を餌としています。

「とにかく速く!」を追求した結果の進化

ウマは草原で生き延びるため速さと持久力を重視した進化を遂げました。その結果、短距離では時速約60〜70kmで走ることが可能です。現代では野生のウマはほぼ存在しておらず人間との共生で家畜化した種が大部分を占めています。ウマは外敵から身を守るため、顔の横に位置した大きな目を持ち360度近い視野を持っています。また耳も敏感であり独立して動かせます。そのため周囲360度の音をキャッチし、音の方向を素早く特定できます。

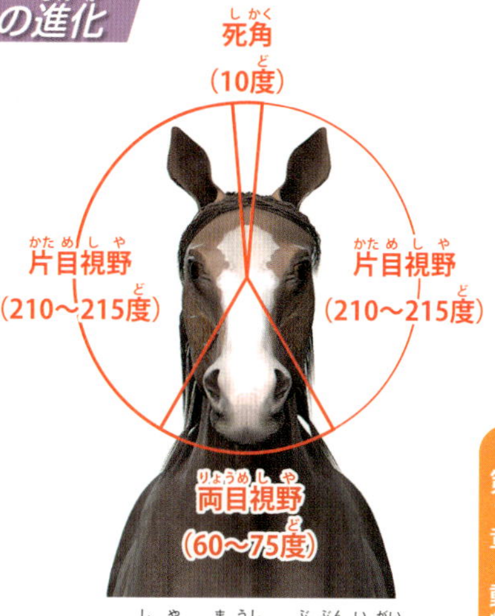

ウマの視野。真後ろ部分以外はほぼ見渡すことができます。

骨のここがすごい!!

ウマの骨は速く走るために軽量化されています。骨の内部がほかの哺乳綱の動物に比べると薄い構造になっていて、耐久性と軽量性のバランスが取れています。また速く走ることを追求した結果、中指(第3指)を残してほかの指は退化し消失しています。そして太く進化した中指の先端に蹄があるというシンプルな構造になり、効率的に地面に力を伝えて速く走ることができるのです。ちなみにウマの祖先は3〜5本の指を持っていたそうです。

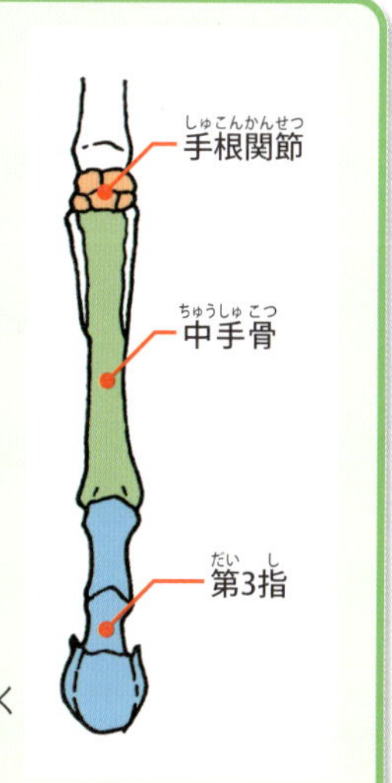

▶指を一本にすることで力を集中させ、地面を強く蹴る力が直接的に地面に伝わるようになりました

人間と大きさを比べてみよう

種類により大きさにはバラつきがあり、ミニチュアホースは体長80cm〜120cmと小柄なのに対し、ドラフトホースは250cm〜300cmを越える個体もいます。

5 キリン

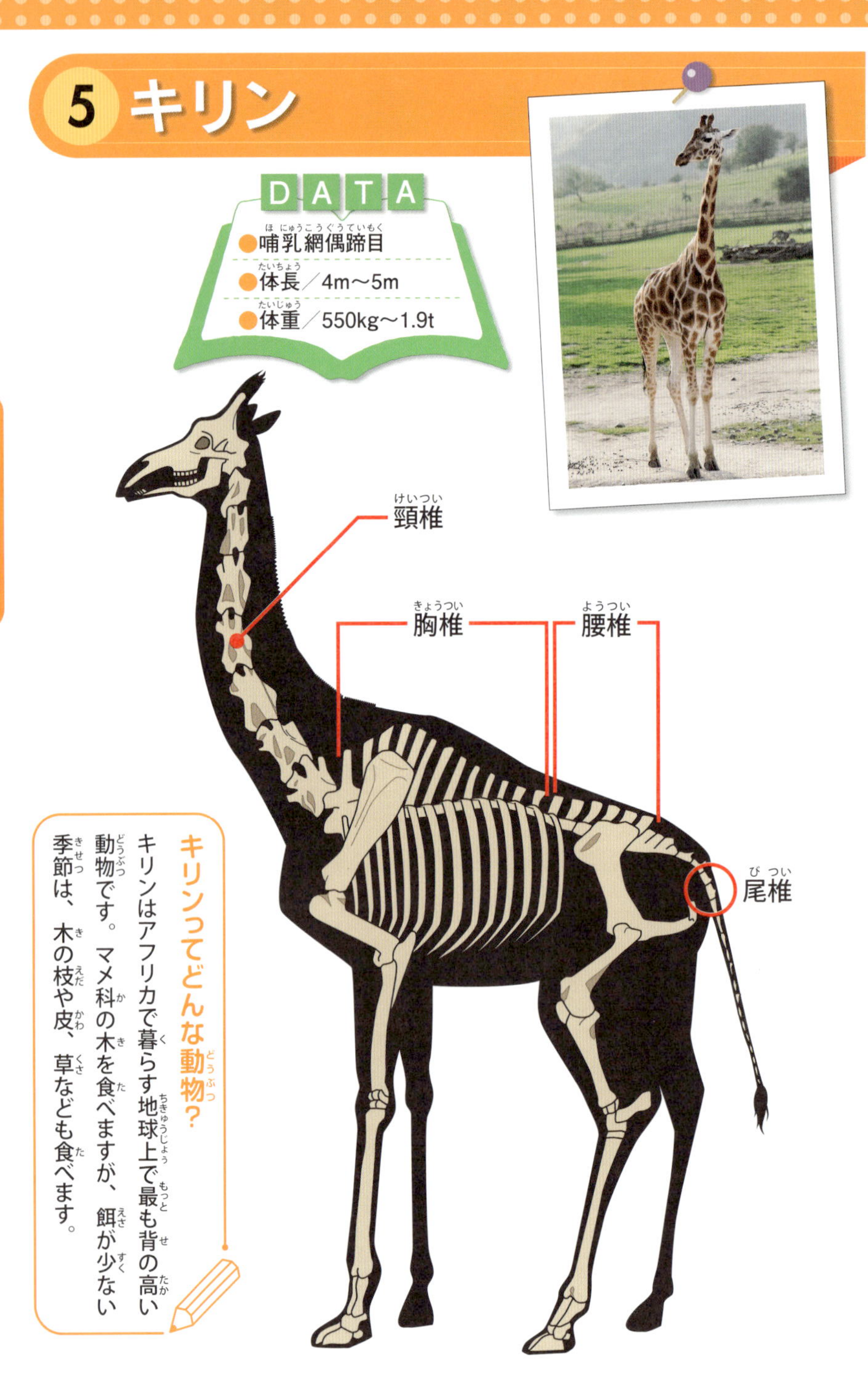

DATA

- 哺乳網偶蹄目
- 体長／4m～5m
- 体重／550kg～1.9t

キリンってどんな動物？

キリンはアフリカで暮らす地球上で最も背の高い動物です。マメ科の木を食べますが、餌が少ない季節は、木の枝や皮、草なども食べます。

Check! 首が長いのに首の骨の数は人間と一緒？

ヒトやイヌ、ゾウなどの哺乳綱は、マナティやナマケモノなど一部の例外を除いて首の骨である頸椎の数は7個と決まっています。それは現在生きているすべての動物の中で一番首の長いキリンも同様です。全長が5m～6mで首の長さが2m近くある大人のキリンは、頸椎の長さが1個あたり30cmもあります。また、大きな体全体に血液を巡らせるためにキリンの血圧はヒトの2倍もあります。

約30cm

骨のここがすごい!!

キリンの長い首は背の高い木の葉を食べたり、オス同士がメスを争う際に利用されていますが、水を立ったまま飲むことも可能にしています。キリンの首が下方向にもよく曲がる理由は、胸椎の一番上の部分である第一胸椎にあります。キリンは進化の中で、首の根元付近の筋肉や骨格の構造が変化し、第一胸椎が頸椎のように動くようになりました。その結果、他の動物より自由に首を曲げられるようになったのです。

▲第一胸椎の働きで頭が届く範囲は約50cmも広がる

人間と大きさを比べてみよう

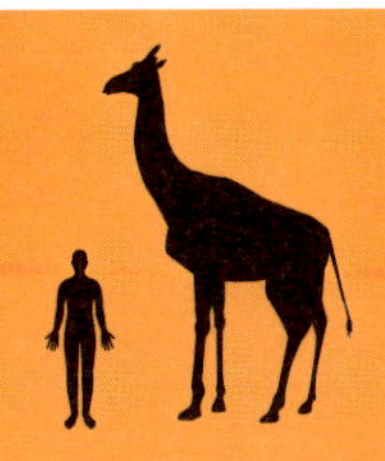

キリンは5m～6mだから大人3～4人分の高さ、首の長さは大人20人分もあります。

6 カンガルー

DATA

- 哺乳綱カンガルー目
- 体長／2m～3m
- 体重／18kg～90kg

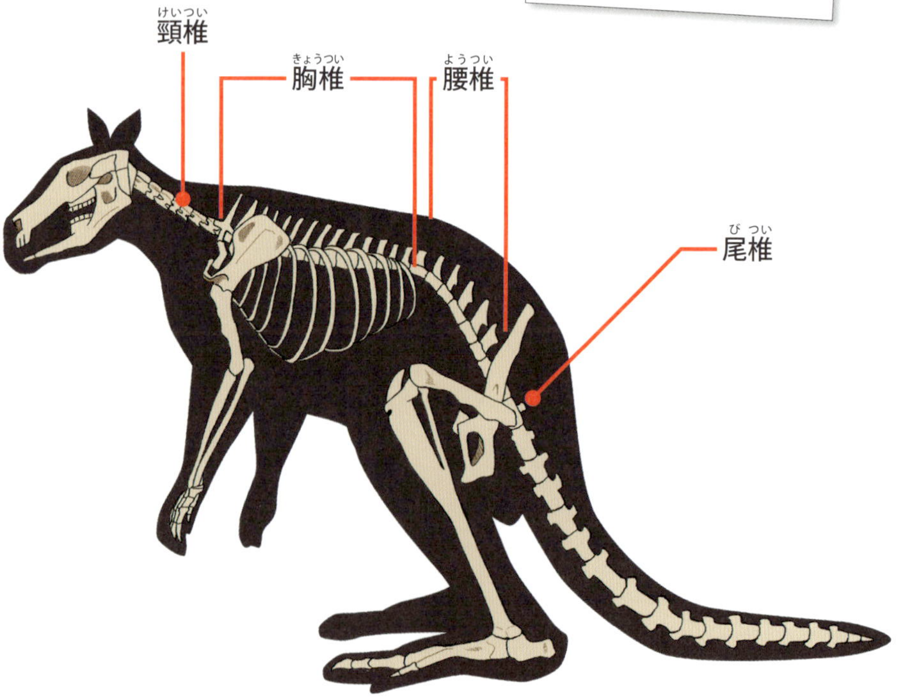

カンガルーってどんな動物？

オーストラリア大陸やタスマニア島の砂漠や草原などで暮らす袋を持つ「有袋類」の動物です。

Check! 強力なジャンプ力

カンガルーの特徴といえば子どもを入れる袋とそのジャンプ力。最大種のアカカンガルーは、1回のジャンプで8m〜9mも跳ぶことができます。走る速さも最高で時速60km以上です。また跳ぶときは腱の力を使ってバネのように跳ねるため、疲れにくく長時間跳ぶことが可能です。その強力なキックで襲い掛かる動物に対抗します。しかし足が大きく尻尾がとても長いため、後ろ向きに歩いたり飛び跳ねることができません。また主に二本足で移動しますが、ゆっくり移動する際には四足歩行で移動します。

骨のここがすごい!!

カンガルーの長く大きな尻尾には多数の尾椎と呼ばれる骨が連なっています。この尻尾は体のバランスを保つのに使用されており、休息時は尾を地面につけて体を支え、また後ろ足で跳ねるときに安定性を保ちいます。これは尾椎にある棘突起と呼ばれる部位のおかげで、運動時に力を効率的に筋肉や靭帯に伝達して尾の安定性を高める役割を担っています。大型や一部中型のカンガルーは餌となる草を求めて長距離を移動します。跳躍時に必要な体力を節約する働きを持つ大きな尻尾は、カンガルーにとっては5本目の足であるといわれています。

▲尾椎はとても頑丈にできていて、戦うときは尾を地面に突き立ててキックします

人間と大きさを比べてみよう

アカカンガルーの体長は1.6mですが尾を含めると3m近くあり、立ち上がると2mもあります

7 コウモリ

DATA

- 哺乳綱翼手目
- 体長／2.9cm～32cm
- 体重／2g～1.6kg

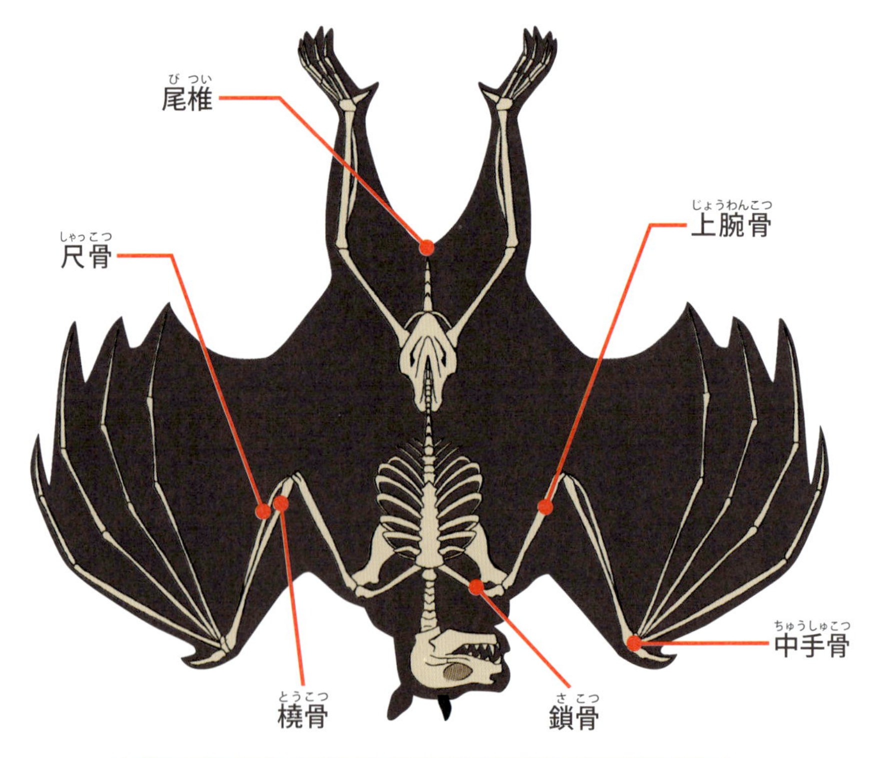

コウモリってどんな動物？

コウモリは哺乳綱の中で唯一、鳥綱と同じように羽ばたいて空を飛べる生き物です。血を吸うのはごく一部で、主に果実や虫、花のみつなどを食べています。

空は飛べるけど歩けない!

コウモリの最大の特徴は空を飛べることで、飛ぶために必要な胸の筋肉は非常に発達しています。しかし、足の部分の筋肉は全く発達しておらず、地面を歩くことができません。その代わり、コウモリは足を曲げて指を閉じた時に屈筋腱という腱が伸び、爪がしっかりと物に引っかかり、足を物に固定する機能を持っています。この機能によって天井の突起などにぶら下がることができるのです。

骨のここがすごい!!

コウモリは翼を使って空を自由にばたけますが、その秘密は翼と非常に長く伸びた指の骨の構造にあります。長い指に皮膜が張られた翼は、飛行に必要な表面積を作り出します。また柔軟な指の動きによって、翼の形を自在に変形させながら空気を捉えることができるため、狭い場所でも急激な方向転換や細かい動きができます。一方、鳥の翼は指を固定する構造のため、長時間効率よく空を飛ぶことができます。この指の違いが、コウモリに自由な飛行能力を与えているのです。

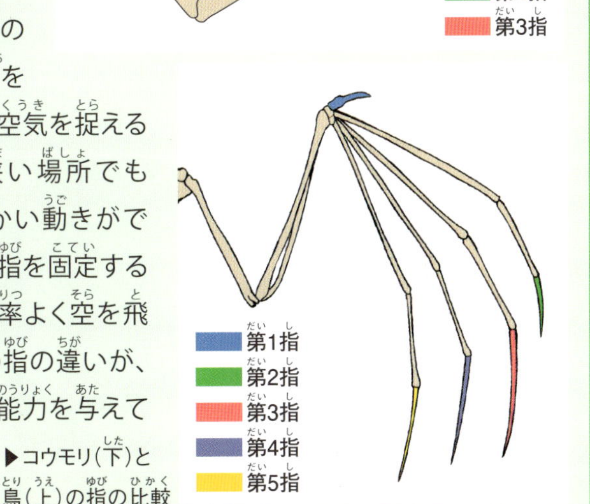

▶コウモリ(下)と鳥(上)の指の比較

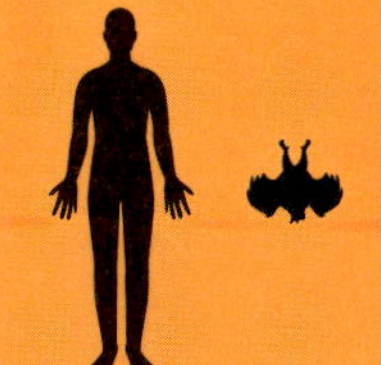

人間と大きさを比べてみよう

コウモリの翼の長さは最大で1.5m〜1.7mもあります。人間が手を広げても自分の身長とほぼ同じなのに対し、5倍近い長さになります。

8 ライオン

DATA
- 哺乳綱食肉目
- 体長／2.2m～3.3m
- 体重／100kg～250kg

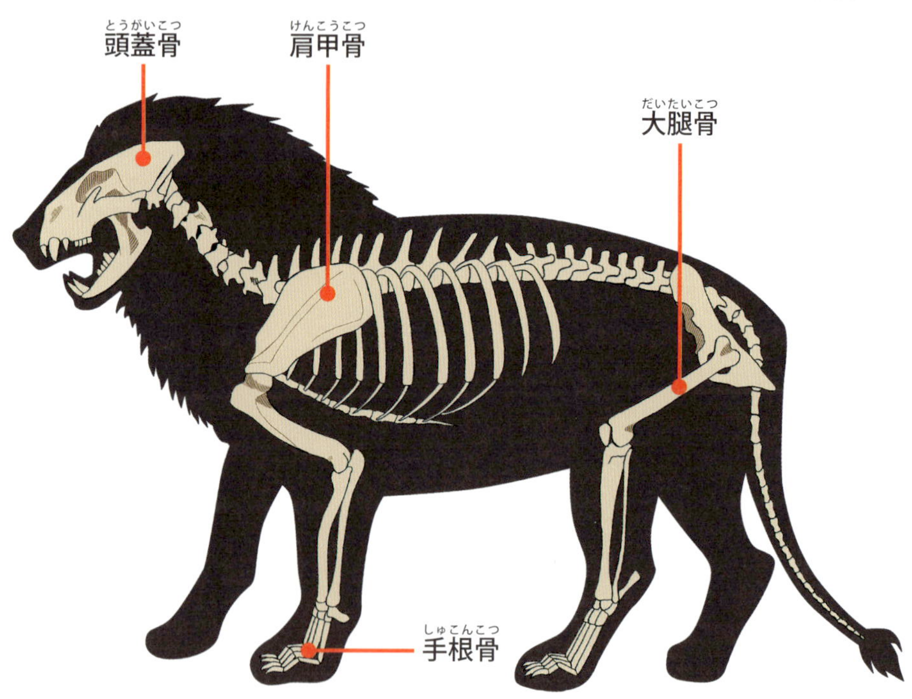

ライオンってどんな動物？

主にアフリカ大陸のサバンナ地帯に生息しています。完全な肉食動物で、シマウマやバッファローといった大型の草食動物を獲物とします。

Check! 強大さと凛々しさを併せ持つ王

“最も強い獣”を意味する「百獣の王」と呼ばれるライオン。その名にふさわしく立派なたてがみや優れた捕食能力を発揮できる骨格構造を持っています。力強い前足と約4cmの鋭利な爪を持ち、目が前向きについているので獲物との距離を立体的に捉えることができます。また強い大腿骨と股関節を持つことで時速60kmの速さで走ることが可能となり獲物を仕留めることに特化した進化をしています。

▶強靭な前足と爪を使って獲物を仕留めるライオン

骨のここがすごい!!

ライオンは噛む力（咬合力）が強く、大型犬の約2倍の強さで噛みつきます。6〜7cmほどの鋭い牙（犬歯）を持ち一度噛みついた獲物を逃さないようライオンの顎の関節は上下方向にしか動きません。人間や草食動物のように食べ物を臼歯ですり潰す必要がないため左右方向には動かないのです。またライオンはネコ科で唯一の「群れで狩りをする動物」でチームワークを活かして戦術的に獲物を倒します。

牙（犬歯）

裂肉歯

▶ライオンをはじめ肉食獣の奥歯は、切り裂く機能に特化した「裂肉歯」になっています

人間と大きさを比べてみよう

ライオンはオスとメスで体の大きさが異なります。メスは比較的スリムで、大型のオスは一般的に体長が2mほどですが中には約3mを越える個体もいました。

9 ゾウ

DATA

- 哺乳綱長鼻目
- 体長／4.5m〜7.5m
- 体重／2t〜10t

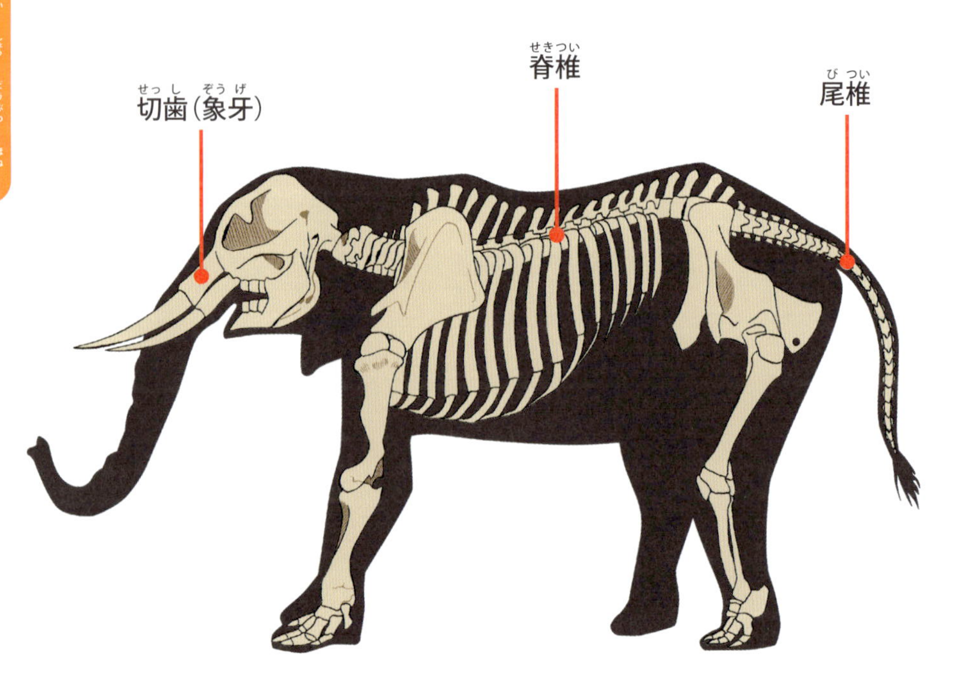

ゾウってどんな動物？

アフリカのサバンナ地帯や草原地帯、アジアの森林地帯などに生息。完全な草食性で、草や果実など1日100kgほどの植物を食べます。

ゾウの鼻はとっても多機能だゾウ!

ゾウの象徴ともいえるその長い鼻。この鼻の構造と機能には驚くべきものがあります。まずゾウの鼻は鼻孔と上唇が融合して伸びたものです。また約4万本もの筋肉があり、かつ柔軟で細かい動きが可能です。ヒトは全身の筋肉を合わせても約600本しかなく、その多さが分かります。約300kgの重さの物を持ち上げたり、高い場所にある果実などをつまむこともできます。また嗅覚もイヌを越える感度を持つといわれています。

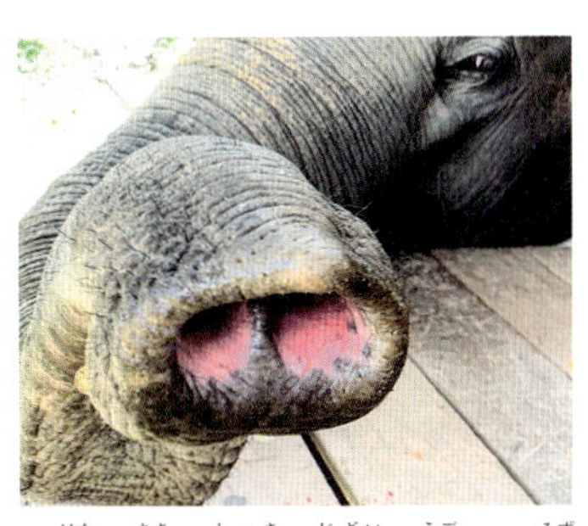
▲鼻の先の突起を自在に動かし、水や食べ物を口に運んだり鳴き声を発したりすることもできます。

骨のここがすごい!!

ゾウの骨格は、その巨大な体を支えるための特徴的な構造を持っています。特に足の骨はほかの哺乳綱の動物と違い、垂直に真下に向かうような構造になっていて、その重い体重を効率よく分散させています。またゾウの足はヒトのように平らではなく、かかと部分が高くなっています。つまりゾウは「ハイヒールを履いた状態」に近い形で体重を支えているのです。足の裏には脂肪のクッションがあり、これが体重を吸収して地面に伝える衝撃を和らげます。

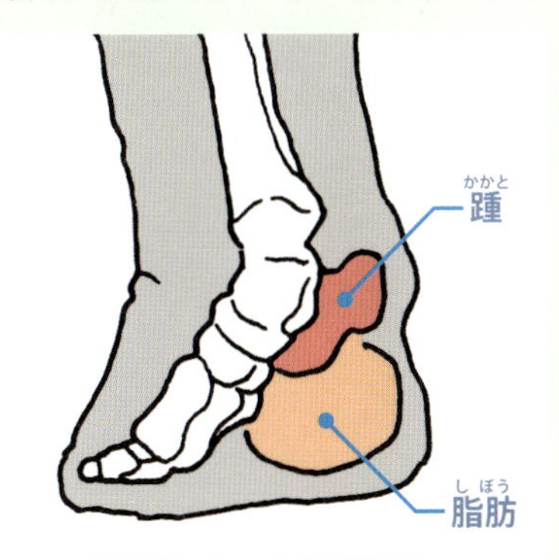

▶クッションで衝撃を吸収するほか、神経が集まっていて地面の振動を敏感に感知します

人間と大きさを比べてみよう

主にアフリカゾウとアジアゾウに分けられ、アフリカゾウの中には最大で体重が10tに及ぶ個体もいます。

10 カバ

DATA

- 哺乳綱偶蹄目
- 体長／2.8m～5m
- 体重／1.3t～4.5t

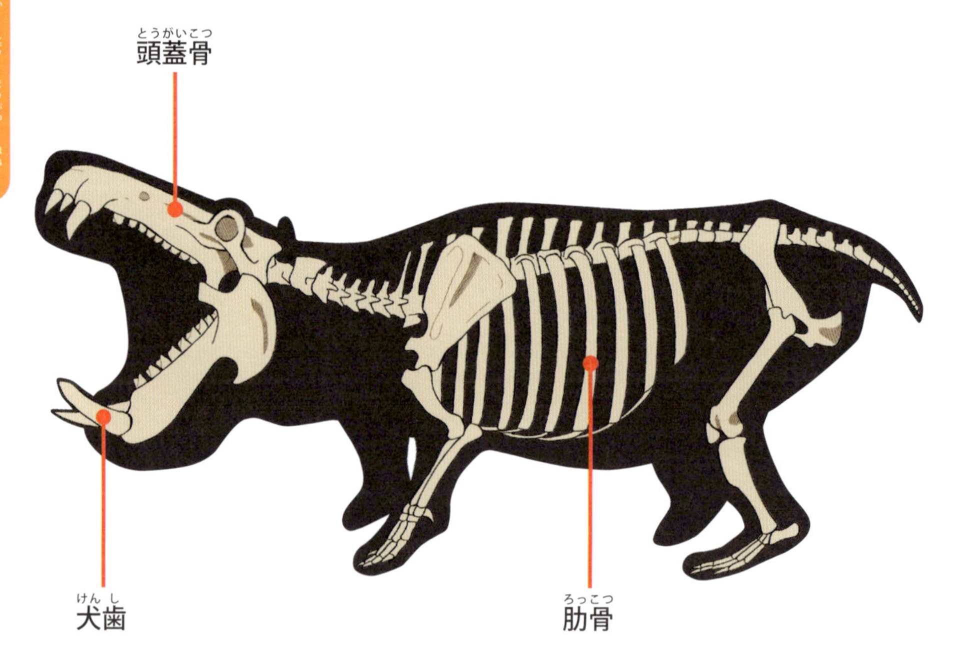

カバってどんな動物?

アフリカ大陸の沼地や河川などの水辺に生息しています。草食性の動物で夜行性のため、夕暮れ時から餌を求めて動き出します。

Check! 水陸両用の哺乳綱

カバは水中と陸上の両方で生活する哺乳綱の動物で、水陸両生に適応した骨格を持っています。骨密度が高く水中で適度に沈みやすい構造をしており、水底を歩くことができます。また頭蓋骨が横に広がり目や鼻、耳が頭頂部に位置しているため、体をほぼ水中に沈めた状態でも周囲を観察し呼吸や聴覚を維持できます。陸上において自分の体重を支えるための脚の骨は短く太い構造をしています。

骨のここがすごい!!

カバの最大の特徴ともいえる大きな口。人間の口は最大で30度ほどしか開きません。それに対しカバの口は150度まで開きます。カバは縄張り意識が強いため、敵と見なした動物が現れると攻撃を加えますが、この時に威嚇として口を大きく開きます。またカバは巨大な牙（犬歯と臼歯）を持ち攻撃に使いますが、その長さは50cm以上になることもあります。大きな牙を支えるため下顎と強力な咬筋が発達し噛む力は1tを超えます。

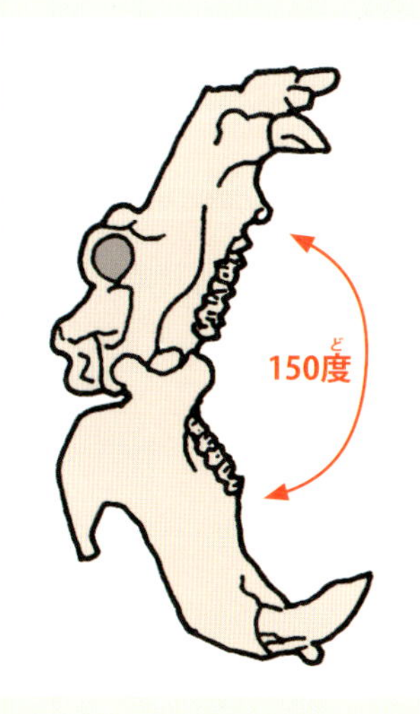

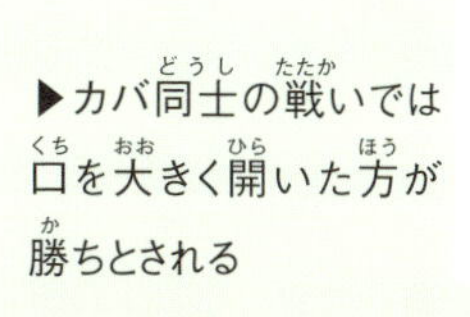

▶カバ同士の戦いでは口を大きく開いた方が勝ちとされる

人間と大きさを比べてみよう

カバは体高では1.4m〜1.6mと人間と近いサイズですが、頭から尾までの体長は大きい個体だと5mになることも!

11 ジャイアントパンダ

DATA

- 哺乳綱食肉目
- 体長／1.2m〜1.9m
- 体重／70kg〜160kg

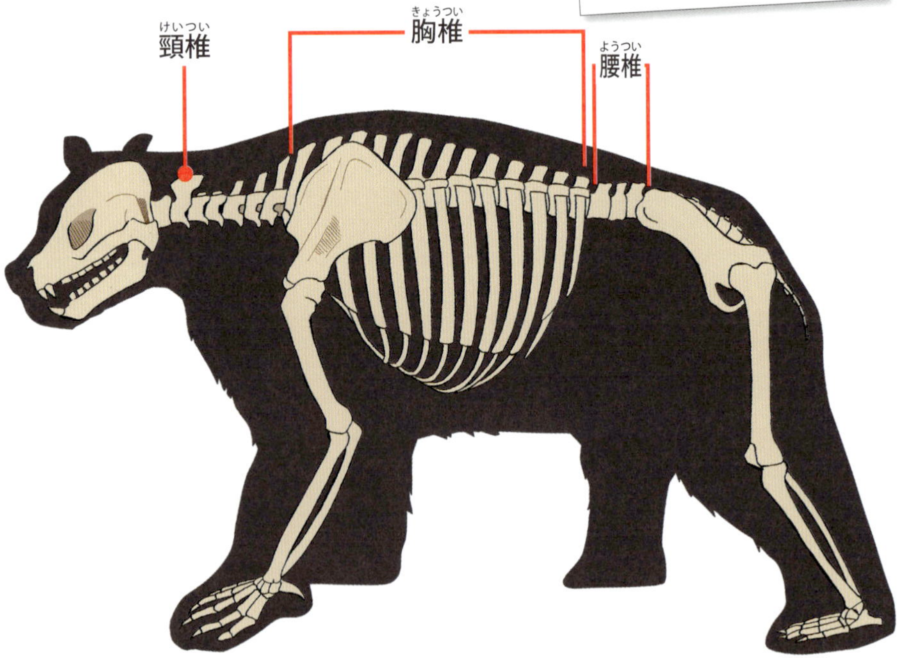

ジャイアントパンダってどんな動物?

中国の標高の高い山地に生息するクマの仲間で、白と黒の毛色で知られています。クマの仲間は肉食〜雑食性ですが、ジャイアントパンダは竹を主食としています。

竹を食べるように進化

ジャイアントパンダの主食は竹です。その理由としては、冬でも枯れず一年中食べることが可能だからです。餌の取り合いや天敵を避けて竹を食べることを選んだジャイアントパンダですが、歯の形や顎の関節が横方向に動く構造を持つなど、竹をうまく食べられるように進化しています。ただし、草食動物のウマの腸の長さが30mもあるのに対し、ジャイアントパンダは6mと他の大型肉食動物と大きな差はありません。1頭当たり1日10kg～30kgの竹を食べますが、本来は肉食向けの体をしているので竹から得られる栄養は食べた量の20%を下回ります。

骨のここがすごい!!

私たちヒトを含む霊長目の手は親指とそれ以外の4本の指が離れています。これは拇止対向性という物をつかむ上で非常に便利な特徴です。対してジャイアントパンダの手の指は離れていませんが、手首にある撓側骨や副手根骨を発達させた偽指を親指側に持っています。偽指は竹を握る際に親指のように機能し、食事の効率を高めています。偽指があることで竹をしっかりとつかんでかじることができるのです。また小指側の突起も活用しているという説もあります。これはほかのクマの仲間にはないジャイアントパンダだけの特徴です。

1 2 3 4 5
偽指 6

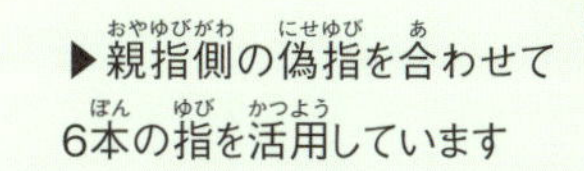
▶親指側の偽指を合わせて6本の指を活用しています

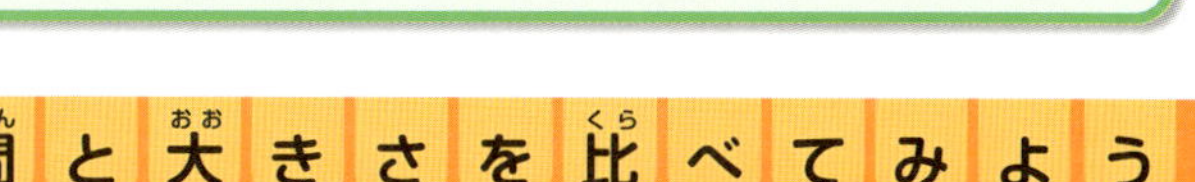

人間と大きさを比べてみよう

ジャイアントパンダは全長180cmで体重は成人男性の約2人分の160kgもあります。

12 アルマジロ

DATA

- 哺乳綱被甲目
- 体長／10cm～1m
- 体重／100g～50kg

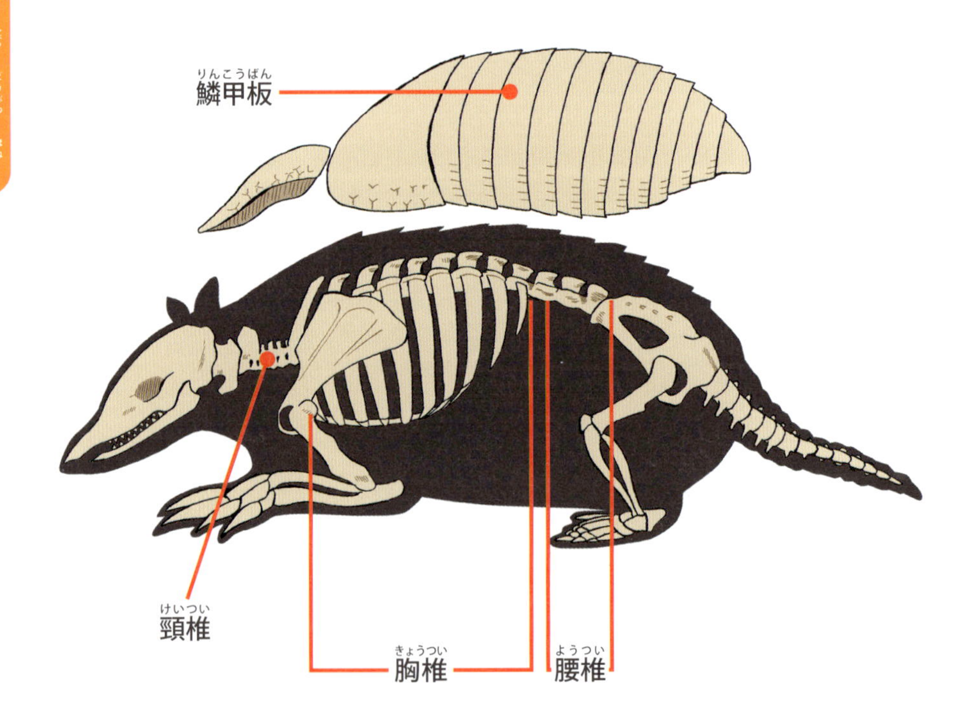

アルマジロってどんな動物？

北アメリカ南部から南アメリカのアルゼンチンまでの範囲に生息する、甲羅を持つ動物です。長い舌を使って主にアリやシロアリなどの昆虫を食べます。

Check! 甲羅を持つ唯一の哺乳綱

アルマジロはカメと似たような甲羅があります。カメの甲羅が骨の一部なのに対して、アルマジロの甲羅は皮膚が硬くなって作られています。カメの甲羅ほど固くありませんが、甲羅の中央部分はじゃばら状になっていて関節のように曲がる構造を持っています。曲がって丸まることで捕食者からの攻撃を防ぐことが可能です。現在生きている哺乳綱の中で、甲羅のある生物はアルマジロのみです。

骨のここがすごい!!

アルマジロの甲羅が曲げられるのは、甲羅がカメのように固定されていないからです。中でもミツオビアルマジロは頭部と尾を巻き込み、甲羅で体全体を包み込むことで完全な球体を作り出します。背骨の構造が柔軟なのも特徴の一つで、体を完全に丸めるための動きが可能となります。ミツオビアルマジロはほかのアルマジロのように穴を掘るのは得意ではなく、完全に丸くなれるように進化することで外敵から身を守っているのです。

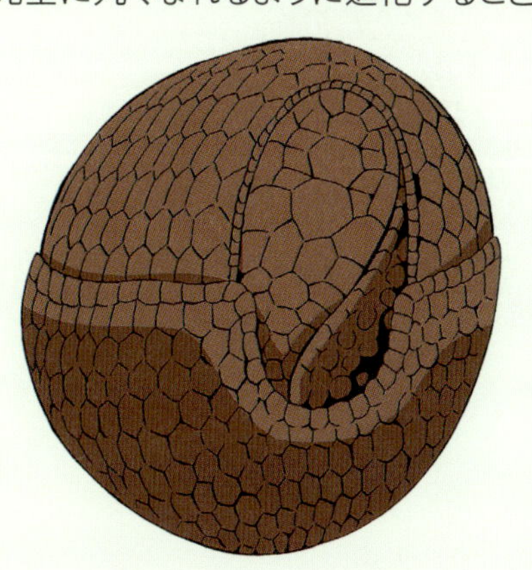

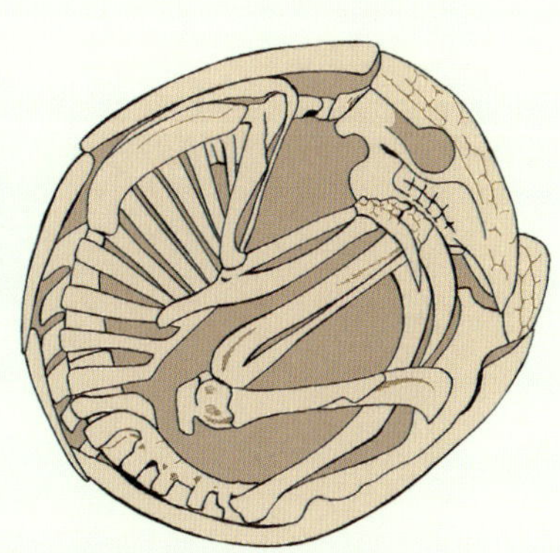

▲頭部の甲羅と尾部の甲羅がぴったりと噛み合うためボールのようになれます

人間と大きさを比べてみよう

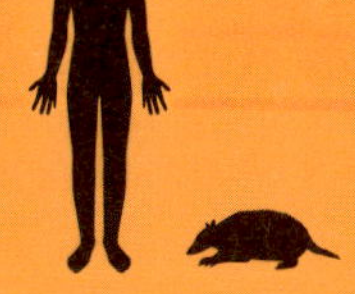

ミツオビアルマジロの体長は約22cm～27cm、丸まると直径約13cm～16cmになります。これはソフトボールを一回り大きくしたくらいのサイズです。

13 アリクイ

DATA

- 哺乳綱有毛目
- 体長／70cm～2.2m
- 体重／3kg～40kg

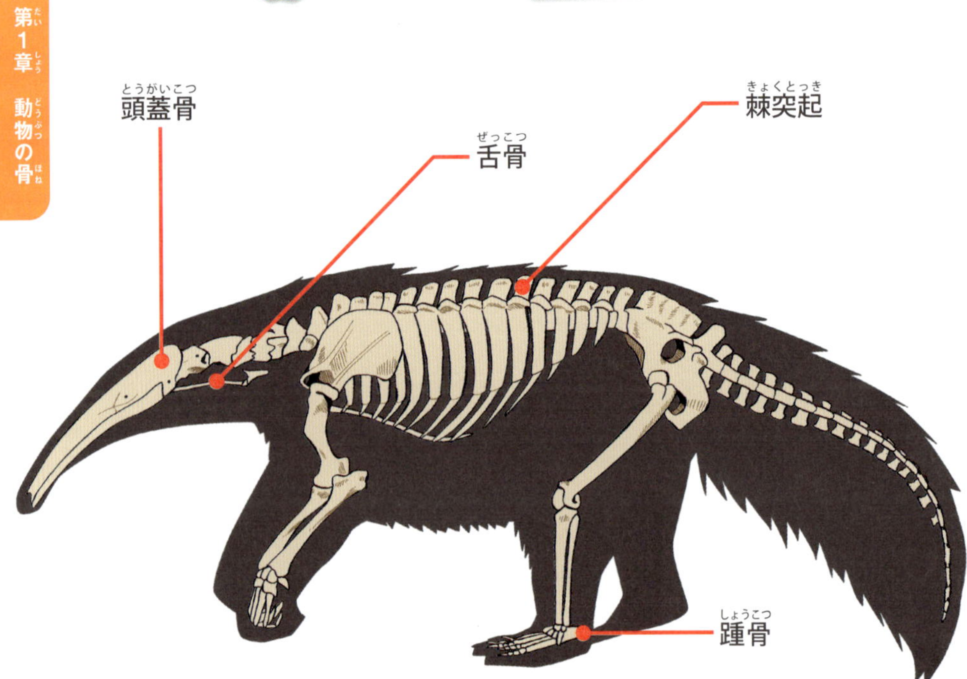

アリクイってどんな動物？

南米の草原地帯やサバンナ地帯、森林地帯に生息し、歯がないので食べたアリは丸飲みします。

アリを食べることに特化したハンター

アリクイはその名の通りアリを主食とする動物で、その骨格は「アリを主食とする生活」に適応した形をしています。特徴の一つとして、アリが住む「アリ塚」や「腐木」を壊してアリを見つけるために大きな爪を持っています。特に第3指はとても発達していて大きなカーブを描く鋭い爪が付いています。また力強く地面を掘るため、アリクイの手首は一部が癒合（骨が互いに融合）し安定して掘削ができます。

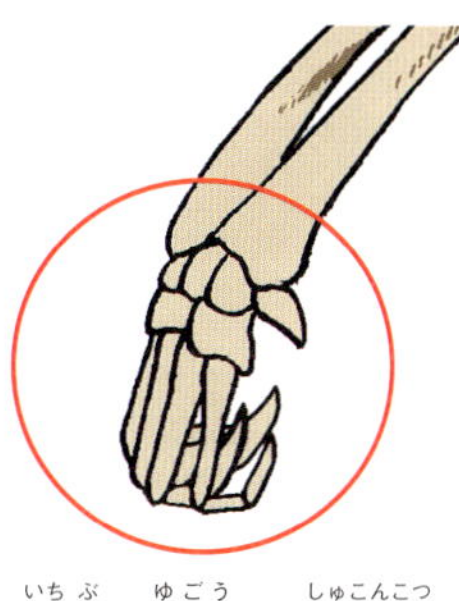

一部が癒合した手根骨

骨のここがすごい!!

アリクイの頭蓋骨は細長い筒状の形をしていて、口もとても狭いです。これは舌を深くアリ塚などの巣に挿し込むためですが、アリクイは最大60cmにも達する長い舌を持っています。粘着力のある舌を何度も素早く出し入れしアリを食べますが、これを支えるため舌骨が非常に発達し、頭蓋骨から胸骨付近にまで伸びています。また下顎は左右に分かれていて、この下顎の骨を開いたり閉じたりすることで、矢を射るように舌を伸ばすことができます。

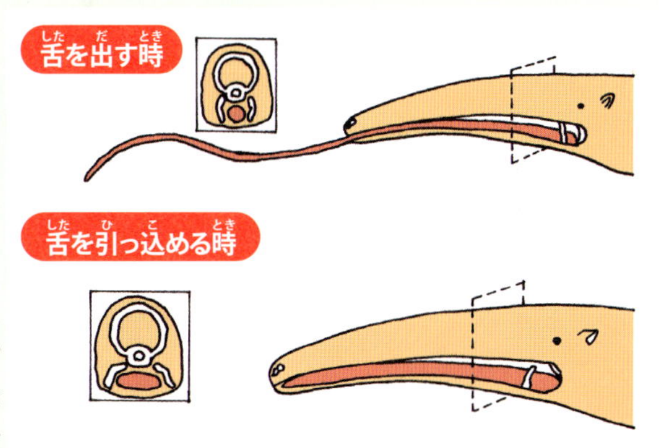

▶ヘビと同じく下顎が分かれていて伸ばす時は骨をくっつけ、戻す時は開きます

人間と大きさを比べてみよう

アリクイはオオアリクイ科とコアリクイ科に分けられ、最大種のオオアリクイは尾まで含めると全長2m以上になることも。

14 オランウータン

DATA

- 哺乳綱霊長目
- 体長／1m〜1.5m
- 体重／30kg〜100kg

オランウータンってどんな動物？

東南アジアの熱帯雨林などに生息していて、雑食ですが基本的には果実を好んで食べます。体長の2倍ほどもある腕が特徴です。

Check! オランウータンには手が3つある!?

哺乳綱霊長目に属し、ヒトにとても近い体の構造をしているオランウータン。共通点が多い一方でヒトとは違う点もあります。例えばヒトが地上で生活するのに対し、オランウータンはほぼ一生を樹の上で過ごし、樹上生活に特化した進化をしました。中でも足の指は非常に長く、特に親指にあたる部分(拇指)が独立して動きます。これにより足を「第3の手」として使い木の枝や物を掴むことができます。

骨のここがすごい!!

オランウータンは食事や睡眠、移動も樹の上で行うため、樹上生活に特化した骨格と筋肉を持っています。長くて柔軟な腕は上腕骨(肘から肩)と前腕骨(肘から手首)の比率が大きく、木の枝を掴みやすくなっています。また手の指が長く、関節が柔軟で握力も強いという特徴があります。この「掴む」という行為に重要なのが「長掌筋」と呼ばれる筋肉の腱です。私たち人間の長掌筋は退化しており、現代人では10～15%ほどの人が無くなっているそうです。

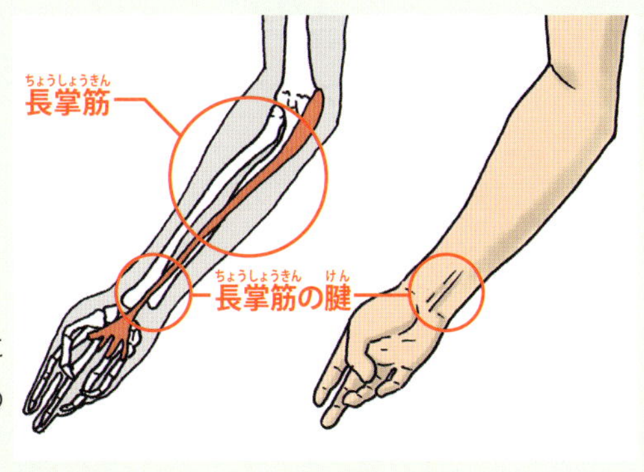

▶親指と小指をくっ付けた時に浮かぶ筋が長掌筋です。自分の手首にあるか見てみましょう

人間と大きさを比べてみよう

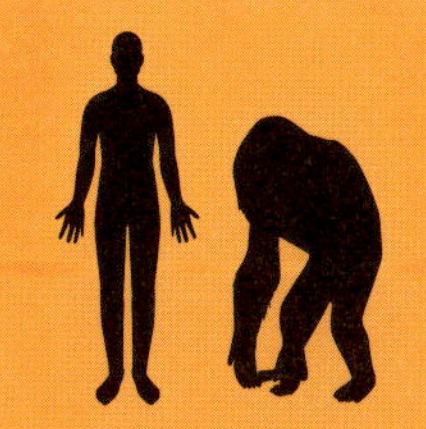

体長は1m～1.5mと人間と同じような大きさです。ゴリラなどほかの霊長目に比べ、スリムな体をしています。

15 イッカク

DATA
- 哺乳綱クジラ目
- 体長／4m〜5.5m
- 体重／800kg〜1.6t

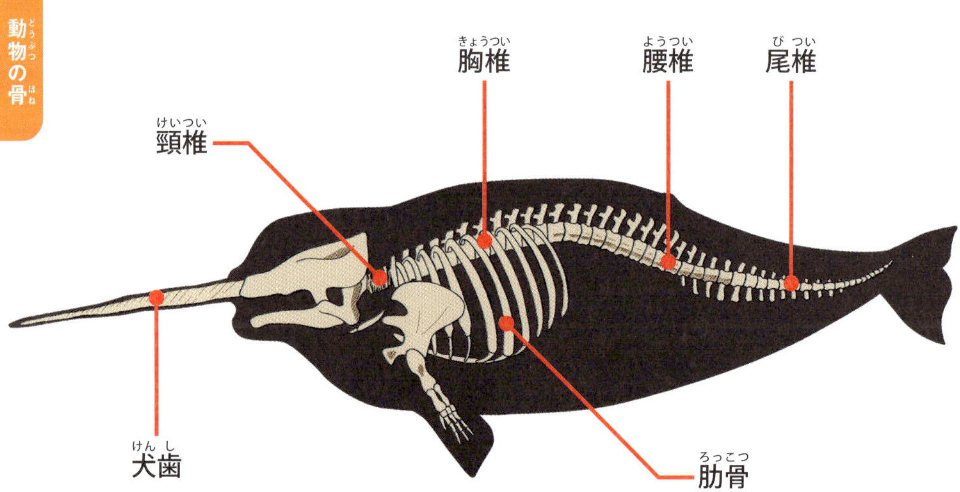

イッカクってどんな動物？

北極圏の氷に覆われた海で10〜20頭ほどの群れで生活します。水深1000mほどまで潜ることができ、主にタラなどの魚を食べて生活します。

Check! ほかの仲間にはない特徴を持つ

海で生活するイッカクですが魚の仲間ではなく、クジラと同じ哺乳綱に分類されます。ほかのクジラ目と同じく、海の中で動きやすいよう骨の密度は低くなっています。哺乳綱に属する動物は、基本的に頸椎（首の骨）が7個備わっています。しかしクジラの仲間たちの多くは、水中での泳ぎに特化するため部分的に頸椎が癒合し、首を短く進化させました。その点イッカクの頸椎は癒合せず、ヒトなどと同じく7個の頸椎を持っています。

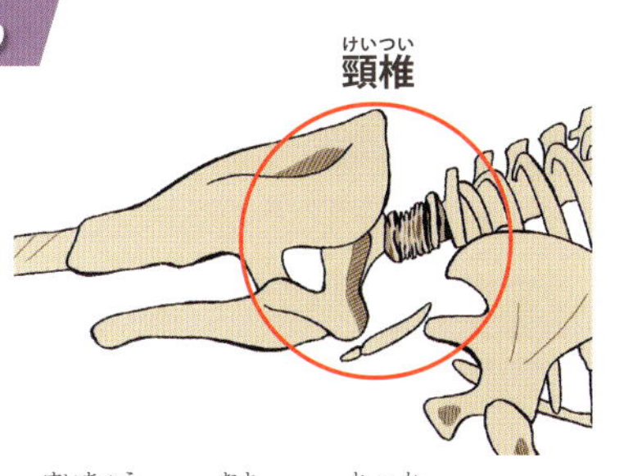

骨のここがすごい!!

イッカクを見て特に気になるのが、その長く伸びた「角」。名前の由来にもなったこのらせん状の角ですが、その正体は歯なのです。イッカクは歯が2本しかなく、それも頭蓋骨の中に埋もれてしまっています。しかしオスのイッカクだけ左の歯が伸びていき、頭蓋骨と上唇を突き破り外に飛び出していくのです。この伸びた歯はメスへのアピールポイントになるほか、中に通っている神経で周りの環境を感知できるといわれています。

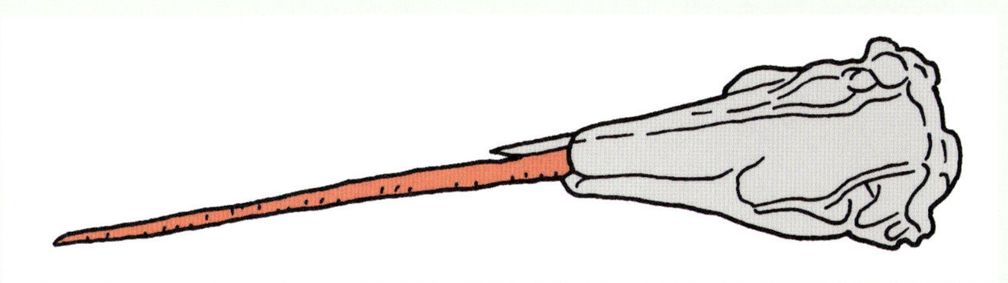

▲イッカクの歯は折れやすい。稀に両側が伸びて2本の「角」を持つイッカクもいるそうです

人間と大きさを比べてみよう

角を含めると体長は4m～5mほどで、中には5mを越える個体もいます。さすがクジラの仲間といったところですね。

16 タラ

DATA

- 硬骨魚綱タラ目
- 体長／15cm〜2m
- 体重／50g〜96kg

第1章 動物の骨

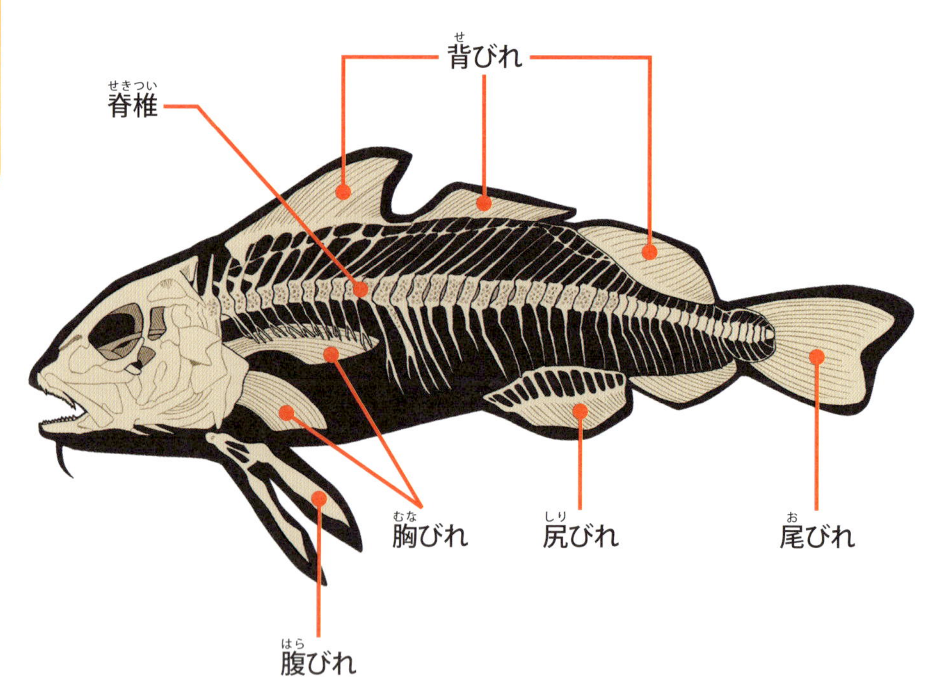

タラってどんな動物？

タラは冷たい深海に生息する魚で、主に北大西洋と北太平洋に分布しています。重要な水産資源でありかまぼこの原材料としても活用されています。

何でも食べる悪食の魚

タラは肉食性で、大きな口を開けて甲殻類、軟体動物、そのほかの魚を食べる雑食性の魚です。活発な捕食者で、あごの下にあるひげで獲物を見付け、特にニシンなどの小型の魚やオキアミなどの海底の小さな生物を好みます。たくさん食べる様子を「たらふく食べる」と言いますが、これはたっぷり食べたお腹がまるで「タラの腹」のようになることが由来となっています。

骨のここがすごい!!

タラを含む魚がヒトと比べて水中を自由に泳げる理由は骨の軽さにあります。水中では浮力という力が働くため、体を支えるために骨の密度を高める必要がないからです。また骨格が水を切りやすい流線形になっていることで水の抵抗を低くし、泳ぎ効率を高めています。魚には「ひれ」というヒトの手足にあたるものがあります。タラの仲間は3つの背びれと2つの臀びれを持つのが特徴です。

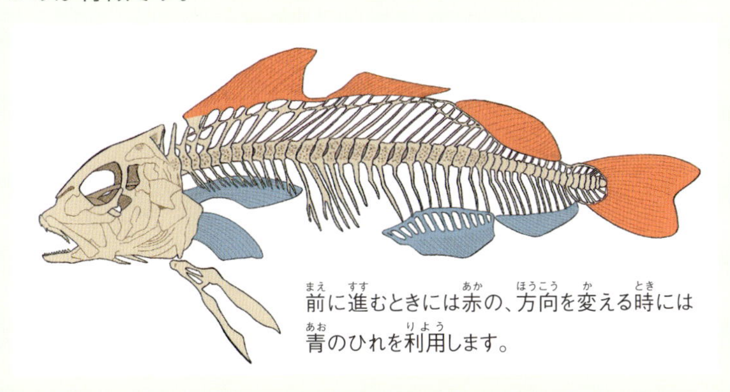

前に進むときには赤の、方向を変える時には青のひれを利用します。

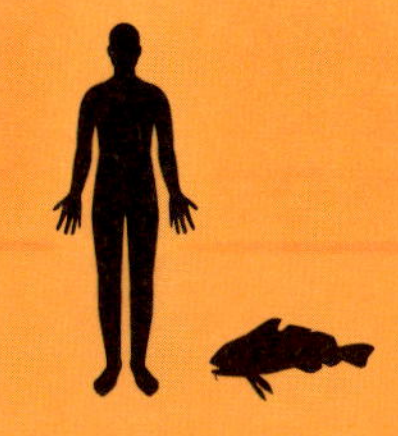

人間と大きさを比べてみよう

タイセイヨウダラの体重は一般的に約20kg前後のものが多いですが、最大96kgの記録があります。

17 サメ

DATA

- 軟骨魚綱ネズミザメ上目
- 体長／1m～12m
- 体重／1kg～7t

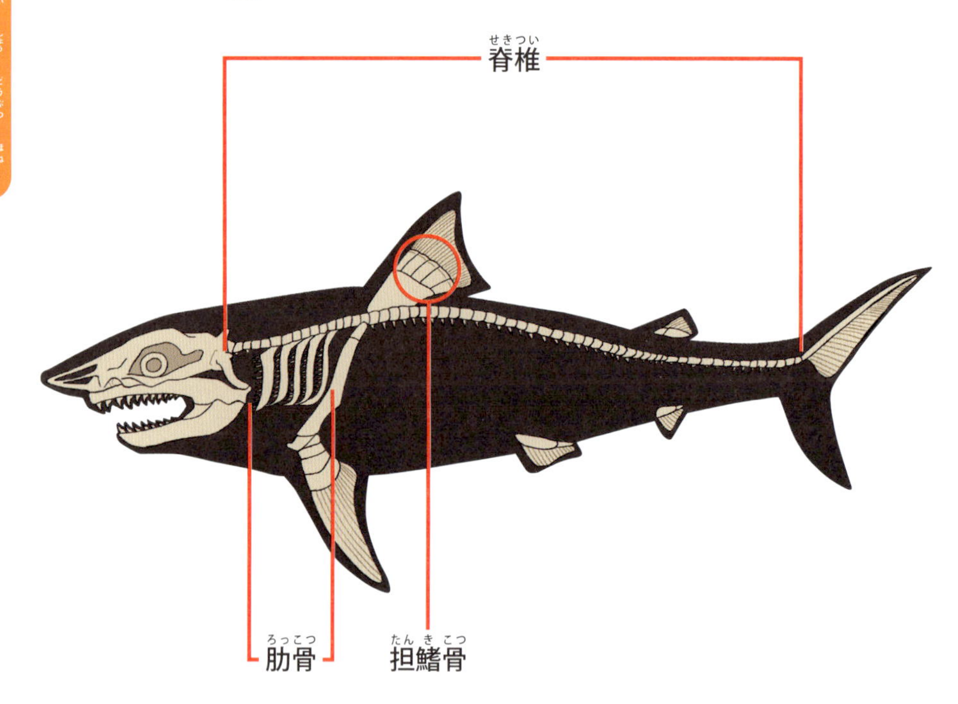

サメってどんな動物？

サメは軟骨魚綱と呼ばれる肉食の魚です。世界中の海に生息しているほか、一部のサメは川や湖など淡水で暮らしています。

軟骨だけで体が作られている

サメの骨格はほかの多くの魚や陸上の動物のように、硬い骨でできているのではなく軟骨で構成されています。軟骨は骨に比べて軽く柔軟性があるため、サメは非常に俊敏に泳ぐことができるのです。また、軟骨の一部がカルシウムによって強化されているため、骨ほどではありませんが十分な硬さを持っています。特に脊椎や顎は獲物を食べるために強くなっています。

骨のここがすごい!!

サメの歯は、永遠に生え変わります。サメの歯にはヒトのように骨の根がありません。そのため抜けやすいのですが、破損しても奥に生えている予備の歯が前に押し出されるため絶えず新しいものに置き換わるのです。サメの歯は食べるものによって歯の形が異なり、私たちがイメージするのこぎりのようなギザギザの歯はホホジロザメなどの雑食性のサメが持っています。対してアオザメの歯はギザギサではなく、鋭くとがった形状になっています。

▲サメの歯が生え変わる仕組み。予備の歯が何層も並んでいるため、すぐ生えるのです

第1章 動物の骨

人間と大きさを比べてみよう

ホホジロザメは体長約6m、体重は2t程度まで成長します。

18 マンボウ

DATA
- 硬骨魚綱フグ目
- 体長／1.8m～3.3m
- 体重／250kg～2.3t

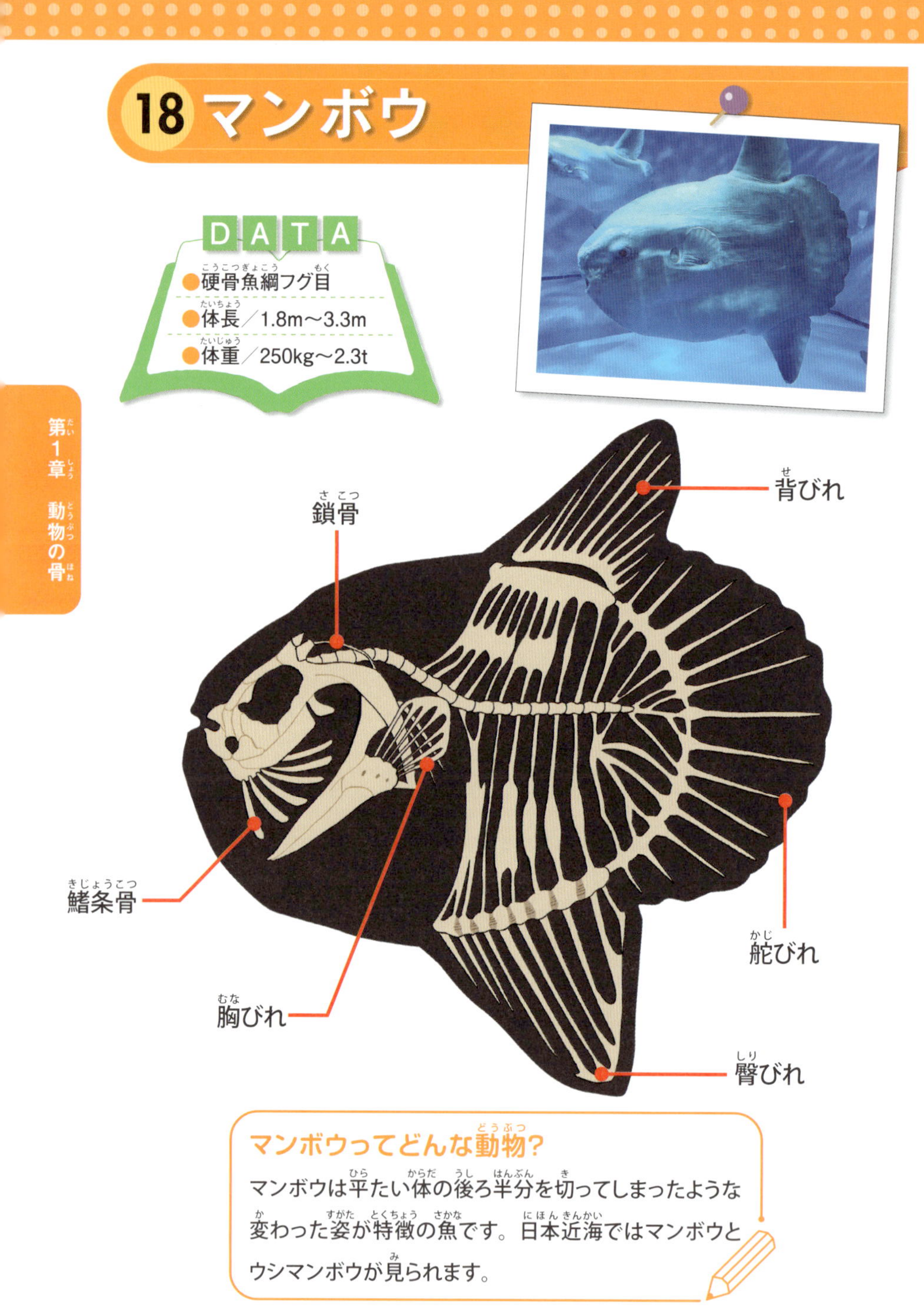

マンボウってどんな動物?

マンボウは平たい体の後ろ半分を切ってしまったような変わった姿が特徴の魚です。日本近海ではマンボウとウシマンボウが見られます。

Check! 体の骨が少ないのは先祖のせい

マンボウはフグの仲間です。フグは水を吸い込んで体を膨らませて捕食者を威嚇します。これは捕食者に対して、大きな生き物=捕食しにくいと思わせるための行為です。しかし体を大きく膨らませるために肋骨を退化させました。フグから進化したマンボウは体そのものを大きくしましたが、お腹の周りの骨はフグ同様スカスカです。またフグから進化したトゲを持つハリセンボンも同じくお腹の周りには骨がありません。

骨のここがすごい!!

マンボウには魚の特徴の一つである尾びれがありません。尾びれのように見えるひれは梶びれというもので、背びれと臀びれの一部が変化したものです。マンボウの背びれと臀びれは前に進むために使い、梶びれで方向転換をしています。普段の泳ぐ速さは時速2kmほどですが、岩の間を器用に泳ぐことができ、本気で泳ぐと時速12kmの速さで泳ぐこともできます。またマンボウの頭蓋骨は硬く、これは頭への衝撃に対する防御のためと考えられています。

フグの骨格

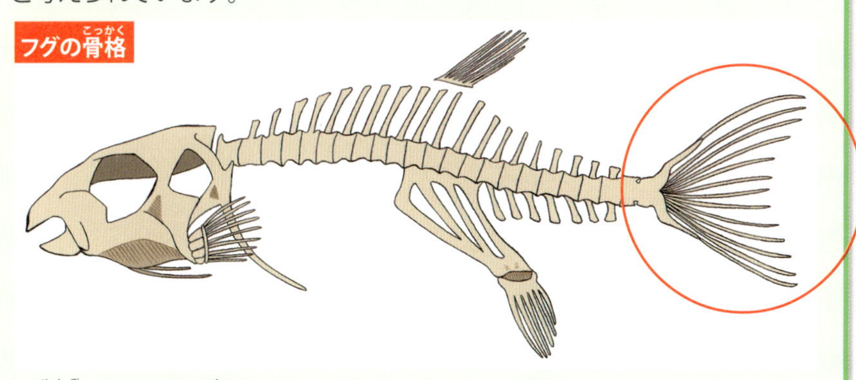

▲先祖であるフグには尾びれがありますが、マンボウにはありません

人間と大きさを比べてみよう

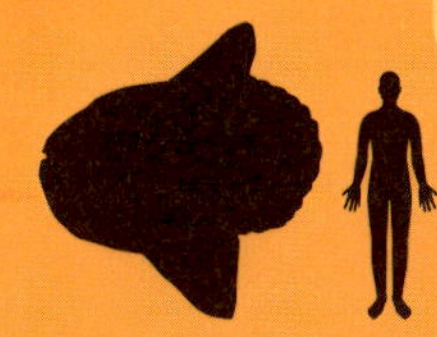

大きい種類のマンボウの体長は3mで、体重は大人30人分の2.3tにもなります。

19 カエル

DATA

- 両生綱無尾目
- 体長／4cm〜7cm
- 体重／10g〜20g

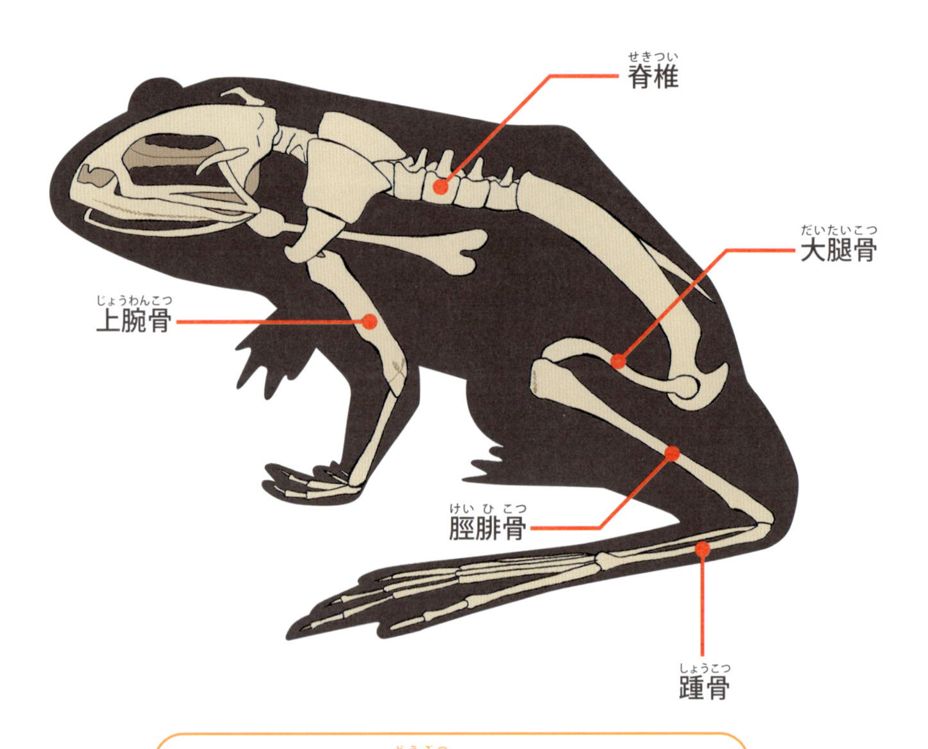

カエルってどんな動物？

カエルは日本を含む世界中の温かい地域に生息しています。水辺に住み、ハエやチョウといった昆虫を食べますが、オタマジャクシの頃は植物や藻を食べます。

Check! 高いところから着地をしても問題なし？

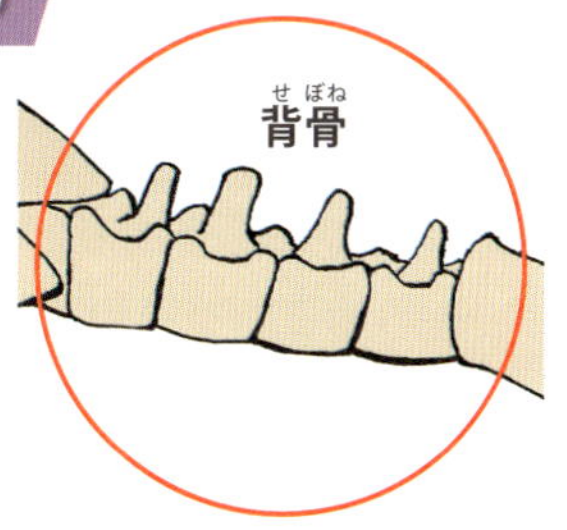

両生綱に分類されるカエルは陸でも水中でも生きられる動物です。ただし、常に皮膚を湿らせておく必要があるため、水辺に生息しています。カエルはオタマジャクシとして卵から生まれ、その後カエルの姿へ成長します。カエルはジャンプの着地の時に生じる強い衝撃を受け流すため、太く短く丈夫な背骨を備えています。またヒトの肋骨にあたる骨もなく、柔らかいお腹で衝撃を吸収します。

骨のここがすごい!!

カエルはジャンプすることに特化した体を持っています。その跳躍力はすさまじく、体長の7倍も遠くに飛ぶことができます。ヒトでいうと12mも跳べることになりますが、その秘密は後ろ足の骨にあります。例えばヒトの足は腓骨と脛骨という2つの骨で構成されていますが、カエルの場合はこれが1つに癒合し脛腓骨という1本の骨になっています。このため足の強い力で地面を蹴ることができ、高く跳ぶことができるのです。

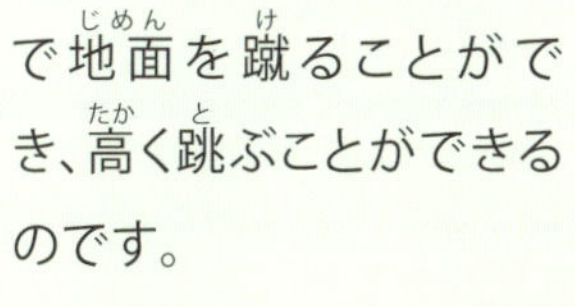

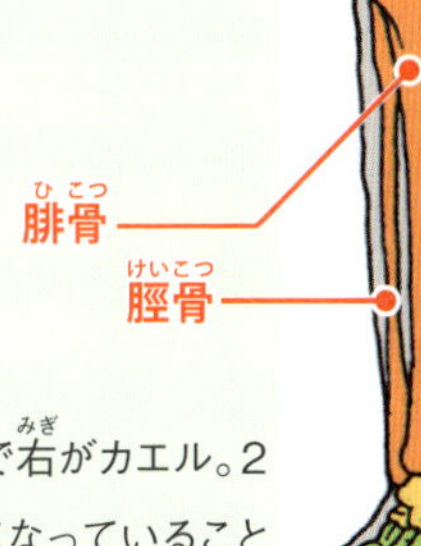

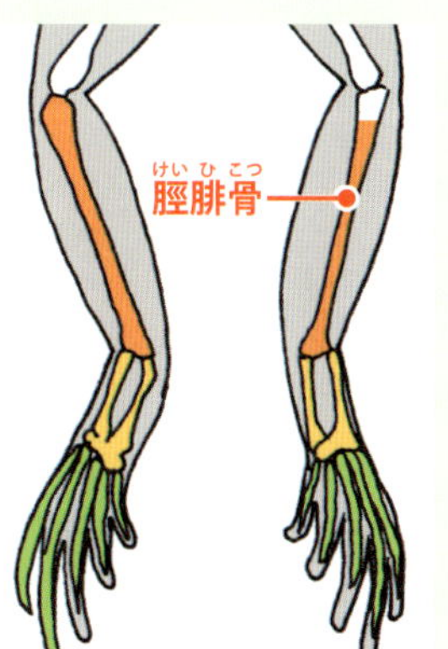

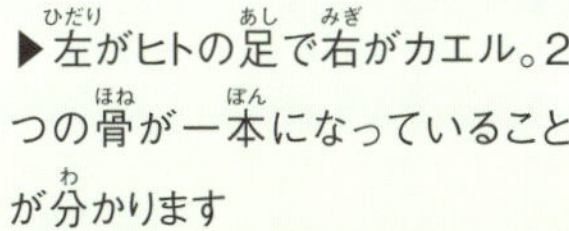

▶左がヒトの足で右がカエル。2つの骨が一本になっていることが分かります

人間と大きさを比べてみよう

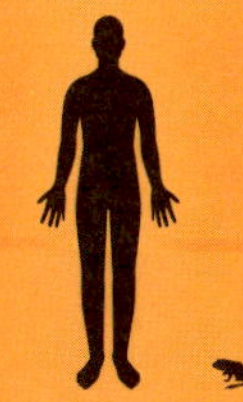

アカガエルの体長はオスで約4cm～5cm、メスで約5cm～7cmです。ヒトの手のひらに乗るサイズです。

20 カメ

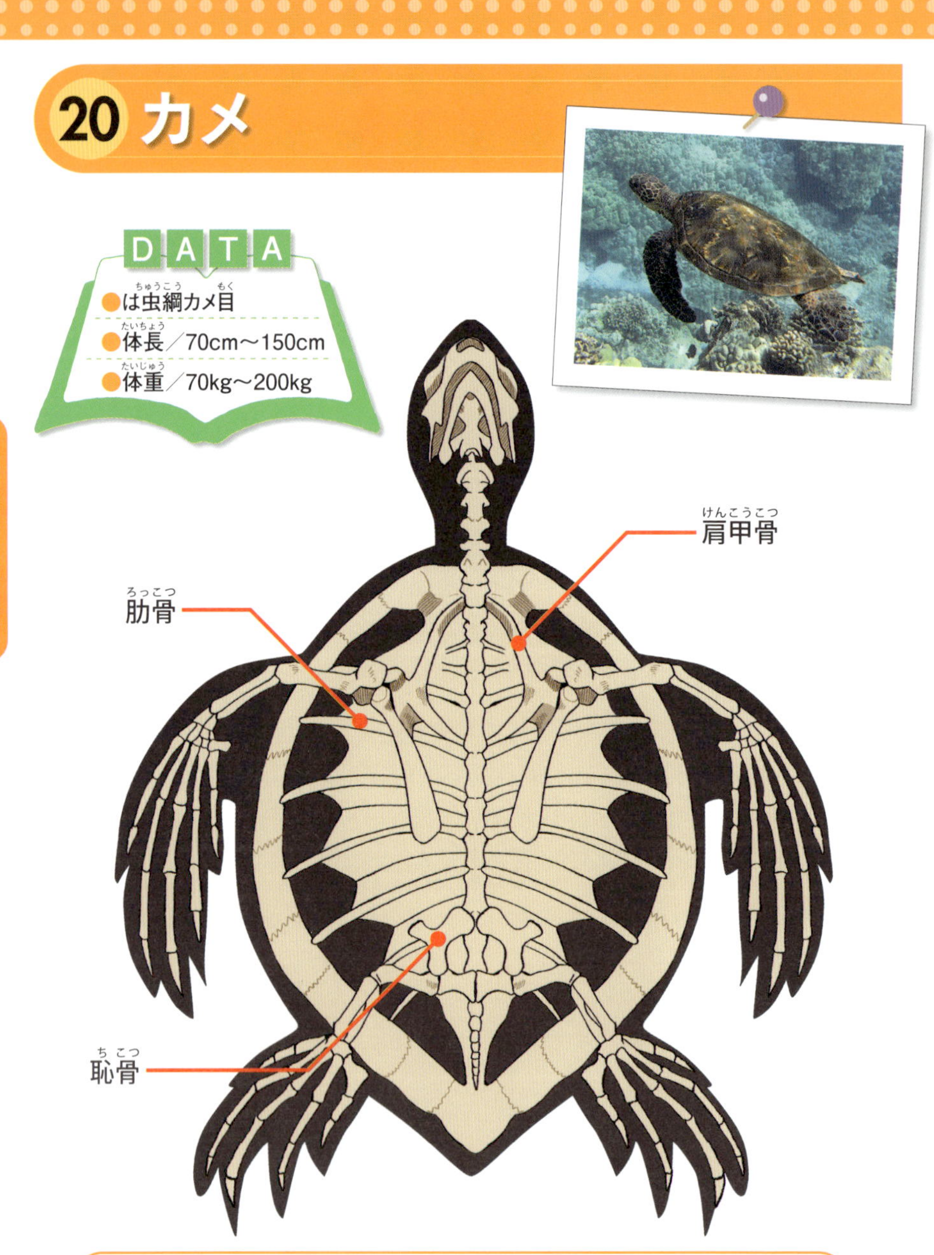

カメってどんな動物？

カメは大きく分けて陸上で生活するリクガメと、水中で生活するウミガメの2種類に分けられます。どちらも背中に甲羅を持つのが特徴です。

背中とお腹の両側に甲羅を装備!

カメの最大の特徴はなんといっても堅い甲羅にあります。実はカメの甲羅は人間の骨格でいうと「肋骨」と「背骨」に当たる部分が変形したものなのです。つまりカメの甲羅は単なる外側にある殻ではなく、骨格の一部が進化した結果なのです。肋骨が外側に広がり、甲羅の一部と化しています。またほかのは虫綱と同じくカメは卵を産みます。ただウミガメの場合は浜辺で産卵した後、砂の中に埋めて守ろうとする独自の行動をします。

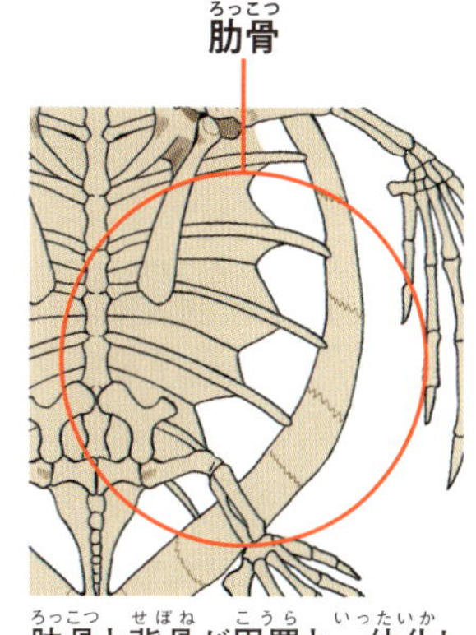

肋骨と背骨が甲羅と一体化しているのが分かる

骨のここがすごい!!

カメの体は頭と足以外がすべて甲羅に覆われています。そして敵に襲われたり身の危険を感じたりすると、頭と足を甲羅の中に引っ込めて自分を守ります。この時、首は縦にSの字を描くように曲げて甲羅に納めています。また縦ではなく横に折りたたむように首をしまう種類のカメもいます。左ページのカメはウミガメですが、他のカメと違って水中を速く泳ぐことに特化して進化したため、首や手足を引っ込めることはできません。

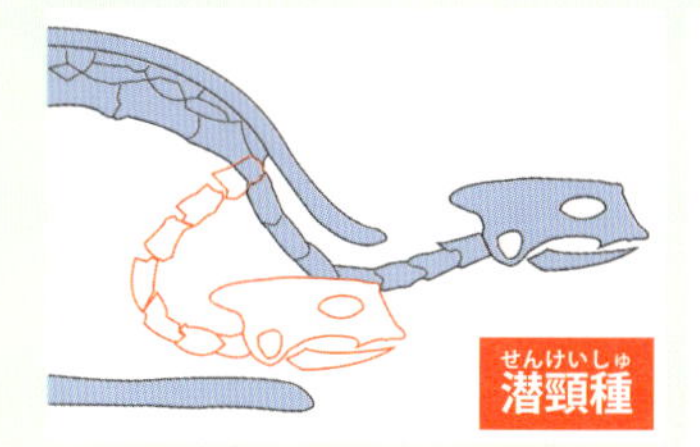

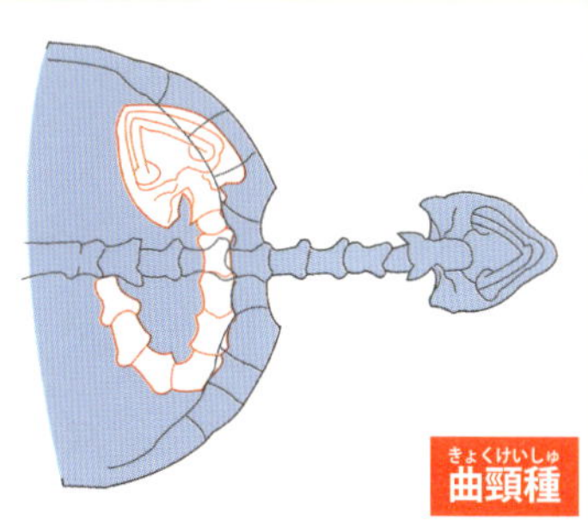

首を縦に折り曲げるカメの「潜頸亜目」、横に折り曲げるカメの「曲頸亜目」に分けられています

人間と大きさを比べてみよう

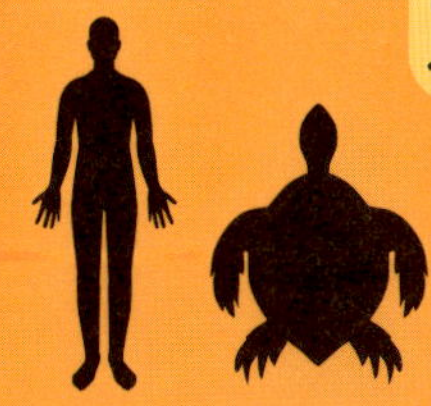

アオウミガメは体長1.5mで、体重は大人二人分の150kgにもなります。

21 ヘビ

DATA

- は虫綱有隣目
- 体長／10cm～10m
- 体重／1g～250kg

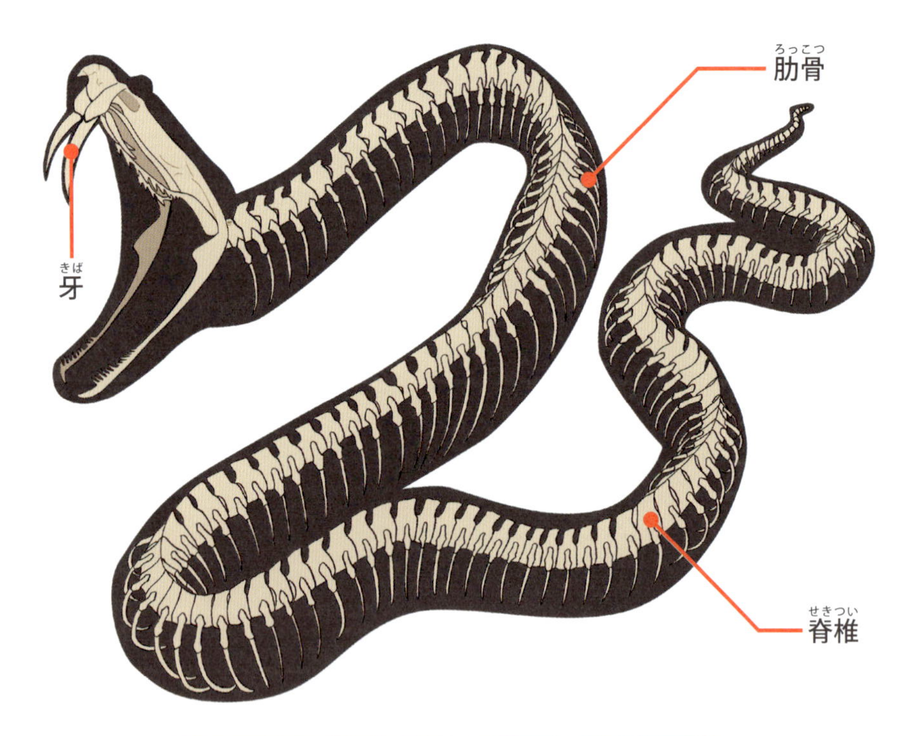

ヘビってどんな動物？

世界中のさまざまな環境に適応して暮らすヘビ。熱帯雨林や湿地、砂漠や海にも生息し肉食性でネズミやカエルといった小動物を食べます。

Check! **赤外線(熱)を感知する特殊な器官!**

ヘビの生態は多様で大きさも種類で差があり、大きいものだと10mの体長を持つヘビもいます。鋭い牙を持ち、中には毒を持つ種類も存在します。視覚、聴覚、嗅覚などの感覚が発達しており、特に舌を使って空気中の化学物質を感知し、匂いを嗅ぎ分けることで獲物や外敵を見つけます。また一部のヘビは「ピット器官」と呼ばれる熱を感じ取る器官を備えており、獲物の捕獲に役立てています。

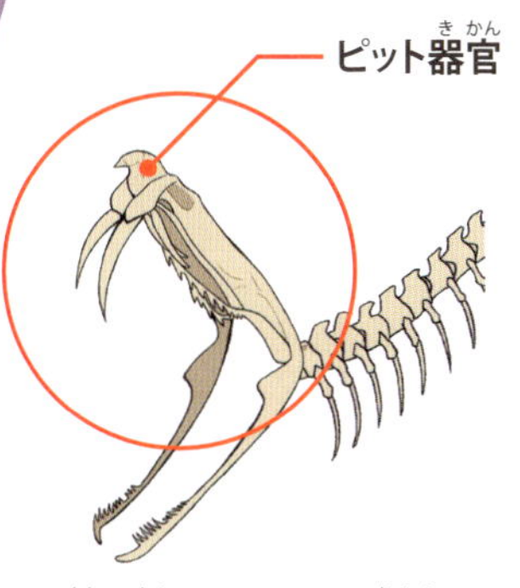

口の近くにあるピット器官

骨のここがすごい!!

左のヘビはマムシの仲間に属するヘビで、骨格はほぼ背骨だけでできています。私たちヒトをはじめ多くの哺乳綱は30〜40個程度の脊椎骨を持っていますが、ヘビの場合は100〜400個以上にもなります。ほとんどのヘビは全身が鱗で覆われていて骨盤や肩甲骨、足の骨がありません。そのため足を使わずに筋肉を収縮させ地面を滑るように移動します。またヘビの頭蓋骨は非常に軽く、顎も上顎と下顎がゆるく繋がっているので獲物を丸呑みできるように進化しています。

▶下顎の骨が分かれて靭帯で繋がっている状態なので、獲物を丸のみできます

人間と大きさを比べてみよう

ヘビは非常に種類が多く、数cmの小型の種から数mの大きさまで成長する種もいます。日本でも見られるマムシは60cm〜80cmほどになります。

22 ワニ

DATA

- は虫綱ワニ目
- 体長／1.2m〜7m
- 体重／6kg〜1t

ワニってどんな動物？

ワニは温かい地域を中心に水中や陸上で生活する肉食性の動物です。水辺で待ち伏せして獲物がきたらくわえて水の中に引きずり込みます。

Check! 水中に適応できるように進化

ワニの頭部は平べったくなっていますが、これは水中での生活に適応するためだといわれています。水中で目や鼻だけを水の上に出し、獲物に忍び寄ることができるためです。足が平べったいのは、泳ぐときにぴったりと両足をくっ付けることで泳ぎやすくするためです。反面、陸上に上がったときは四肢ではうように歩きますが、種類によってはギャロップ走法という走り方で時速50kmを出すワニもいます。

骨のここがすごい!!

ワニの最大の特徴はその噛む力。動物界でも非常に強力で、例えばクロコダイル科のナイルワニやアメリカワニなどの大型のワニは、約1平方cmあたりに約1.1〜2.2tの圧力を発生させることができます。これは大型動物の骨も簡単に粉砕できるほどの力です。ワニの頭蓋骨は厚く非常に堅固で、衝撃や圧力に耐えられる構造になっていることがその噛む力を支えています。噛んだ獲物は絶対離さず、ねじって引きちぎってしまいます。またワニの歯は20回以上生え変わるため常に尖っています。

▶ワニは下顎を地面に付けたまま上顎を開けることが可能です。しかし、ヒトのように下顎を動かすことはできません

人間と大きさを比べてみよう

クロコダイルの仲間は体長4m〜7mで、体重はヒトの大人14人分の1tにもなります。

23 トカゲ

DATA

- は虫綱有隣目
- 体長／5cm〜3m
- 体重／5g〜90kg

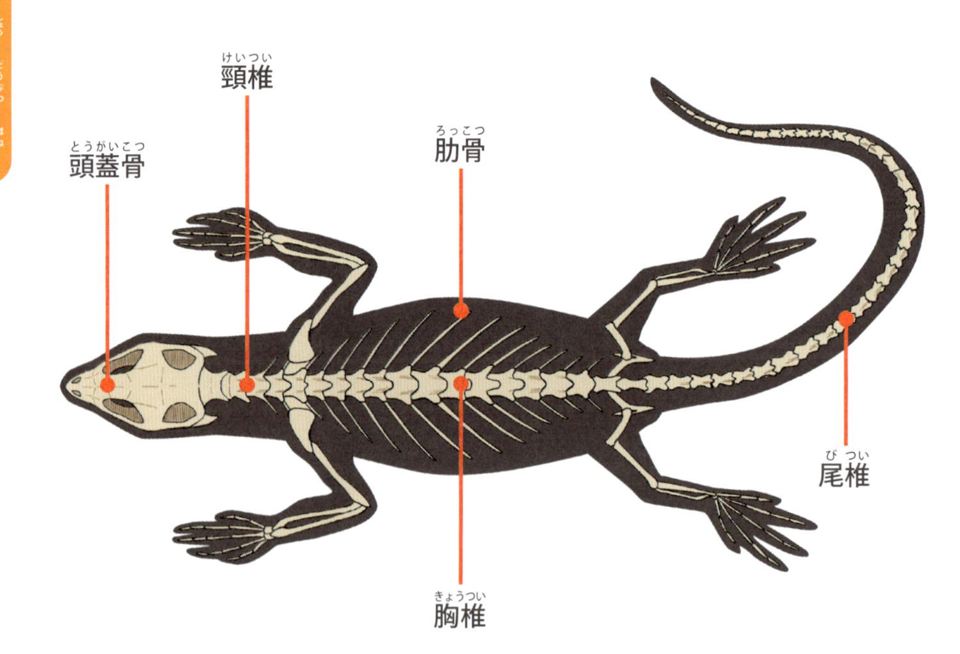

トカゲってどんな動物？

トカゲは現在知られているだけで 6,000 種類以上が存在します。住むところも砂漠や森林、湿地、都市などさまざまな場所に生息しています。

Check! 生きるために尻尾を切る

トカゲの仲間の特徴の一つが尻尾を意識して切れることです。トカゲの尻尾には「自切面」と呼ばれる特定の部分があり、捕食者に狙われた際に尻尾を自ら切り離して逃げることができます。切れた尻尾は、しばらく動くことで捕食者の目を引くため、その隙に逃げやすくなるのです。切れた尻尾は再生が可能で、再生したものは元々の色と違ったり、元々の尻尾より短いことが多いです。

骨のここがすごい!!

トカゲの脊椎骨は尾の部分まで続いており、非常に長い尾を支えるために多くの椎骨が連なっています。再生した部分にも骨があるように思えますが、本当の骨ではなく軟骨で、完全には再生できないのです。また前にちぎれた部分からしか尻尾を切り離せなくなります。トカゲは尻尾しか再生しませんが、両性綱のイモリは骨まで完全に再生することができ、さらに目や手足、心臓の一部も再生することができます。

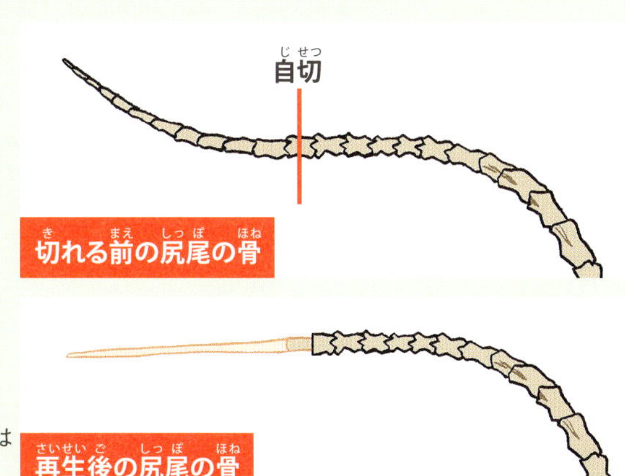

▶切断面から後ろは軟骨になっています

人間と大きさを比べてみよう

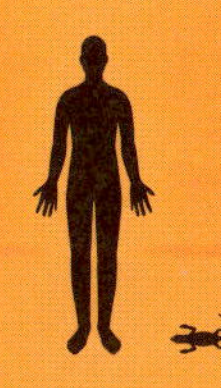

ニホントカゲは体長16cm～24cm、体重は5g～18g。トカゲの中には3m近いオオトカゲなどもいます。

24 カラス

DATA

- 鳥綱スズメ目
- 体長／45cm〜70cm
- 体重／400g〜1.2kg

カラスってどんな動物?

カラスは世界中に生息していて、日本でも都市部や山、森の中など色々な場所に住んでいます。また雑食性で何でも食べることで知られています。

くちばしの力がとても強い

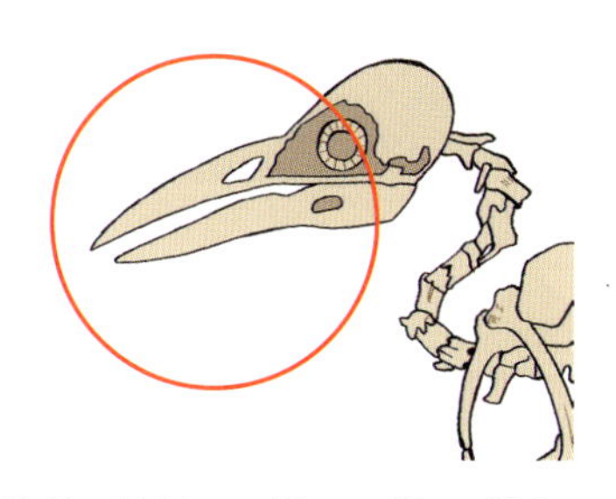

カラスはくちばしで物を突いたり引き裂いたりするため、くちばしと首を連動させて大きな力を発揮します。その秘密は首の骨(頸椎)がしなやかで強靭であるとともに、動きがスムーズになるように形状が適応しているからです。またカラスが発する鳴き声はとても多様です。これはほかの鳥より声帯(鳴管)を支える骨や軟骨の構造が、発声するために特化されているからです。

骨のここがすごい!!

カラスの知能はとても高く、人間でいうと小学生低学年(6〜8歳)ほどの知能を持っているといわれています。その証拠に、カラスの頭部は同じような大きさの鳥に比べてはるかに大きく横にも広いことが分かります。その分ほかの鳥よりも脳が発達しています。一説によると、鳥が世界を支配するとしたら、カラスはその頂点に立つ可能性が高いと予想されています。

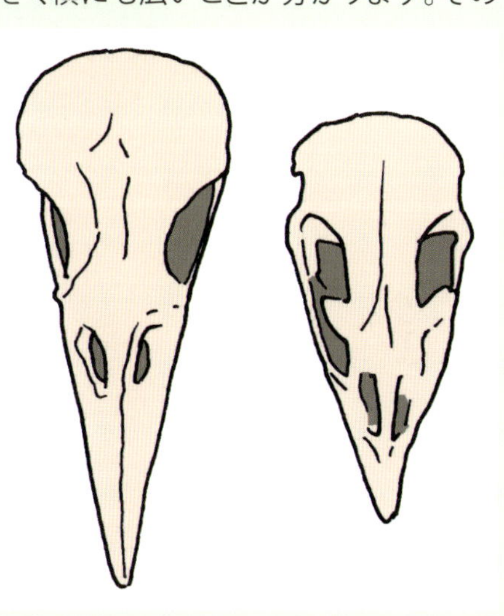

▶カラス(左)とキジ(右)の頭蓋骨の比較。見てみるとその大きさの違いが分かります

人間と大きさを比べてみよう

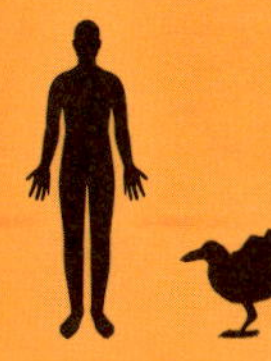

日本に生息するカラスは約45cm〜60cmほどで、世界では70cmほどになる「オオガラス」と呼ばれる種類もいます。

25 フラミンゴ

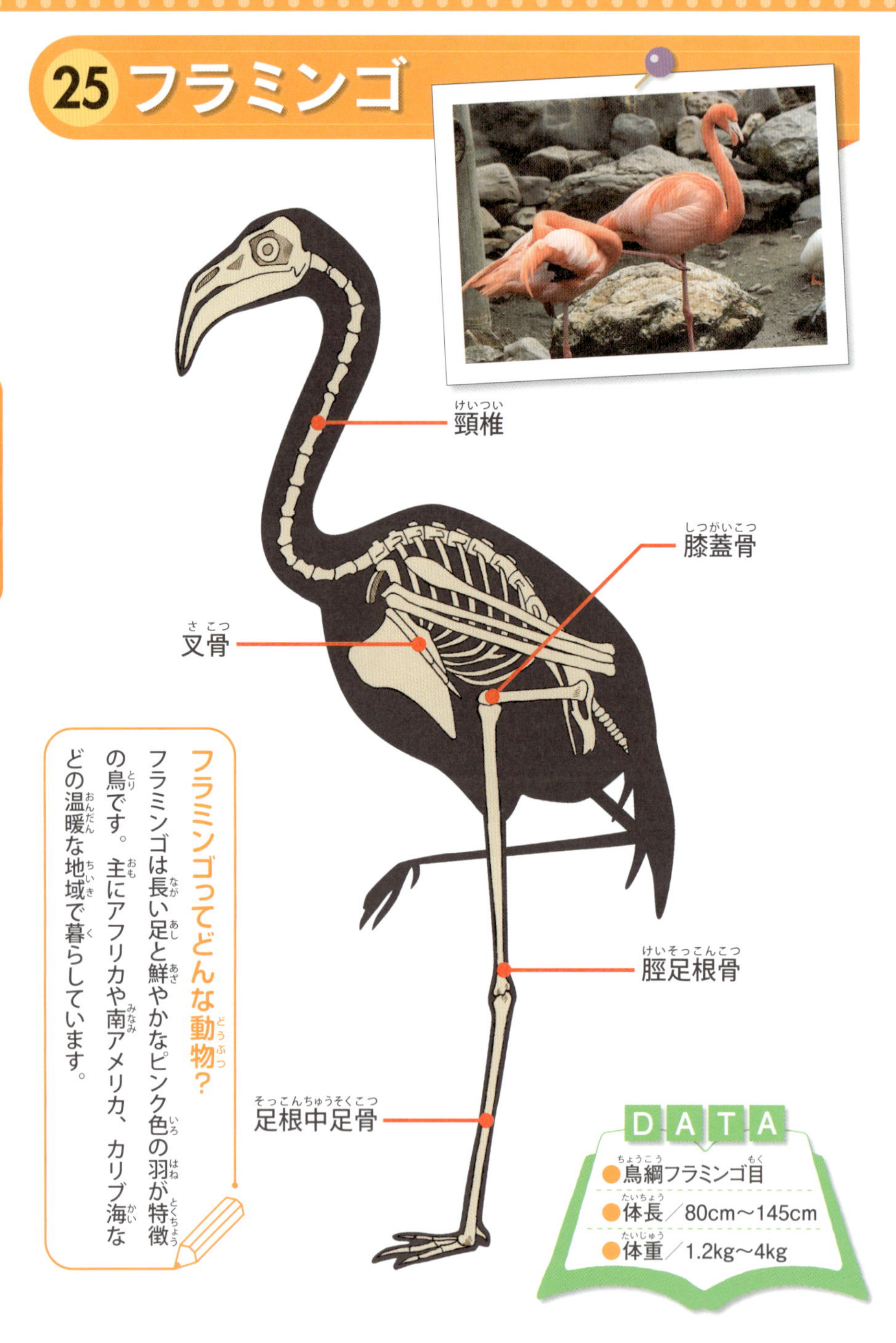

フラミンゴってどんな動物?

フラミンゴは長い足と鮮やかなピンク色の羽が特徴の鳥です。主にアフリカや南アメリカ、カリブ海などの温暖な地域で暮らしています。

DATA

- 鳥綱フラミンゴ目
- 体長／80cm～145cm
- 体重／1.2kg～4kg

Check! 片足立ちは何のため？

ピンク色の羽と並んで特徴的なのが片足立ち。フラミンゴが住む環境は水辺や湿地が多く、水の中で両足を出すと体温が奪われやすくなります。片足を水から出すことで、体温の低下を抑える効果があり、立つ足を交互に使うことで左右の足を温めながら立っていられるのです。またフラミンゴは、片足立ちであってもあまり筋力を使わずに安定した姿勢を保つことができるように進化しています。

骨のここがすごい!!

フラミンゴの長い足ですが、足の骨は特に発達しています。これにより、水の中でも体を高く持ち上げることができ、泥の中で食べ物を探しやすくなっています。片足立ちをする際に足首に見える関節が逆に曲がっているように見えるのは、実はひざではなくかかとに相当する部分で、ひざは羽の中に隠れています。ヒトでいうところのつま先立ちを常にしているような形です。長くみえる部分はすねと足の甲に当たる部分で、足の付け根からひざまでの部分はとても短くなっています。

ひざ
大腿骨
かかと

▶ヒトでいう太ももの部分（大腿骨）はほとんどありません

人間と大きさを比べてみよう

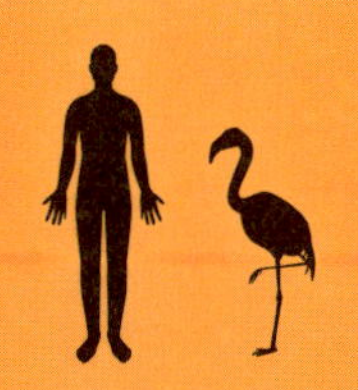

オオフラミンゴの全長は145cmで足の長さは約80cm。人間ならモデル体型かもしれません。

26 ペリカン

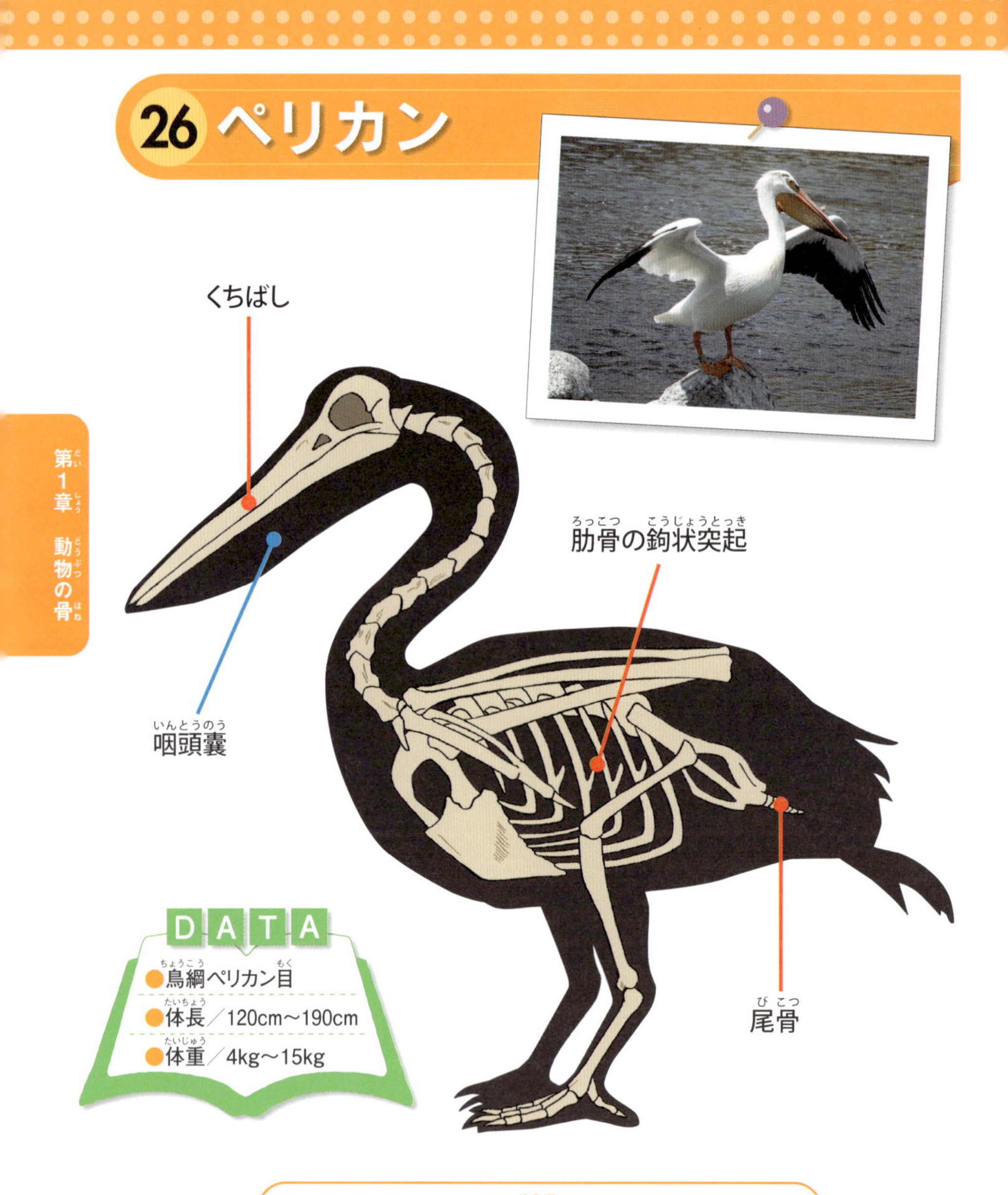

マンボウってどんな動物？

ペリカンは大型の水鳥で、世界中の温かい地域の海岸や水辺に生息しています。独特の長いくちばしと大きなのど袋を持ちます。

Check! 長距離を跳ぶための秘訣

ペリカンは鳥綱の中でも比較的大型の鳥ですが、大きな翼を持ち長時間の飛行が可能なことでも知られています。この飛行能力を支える秘訣はその強力な「飛翔筋」にありますが、この筋肉は鳥綱の特徴の一つでもある「竜骨突起」という骨が関係しています。ペリカンは翼を動かす胸筋が付着するこの竜骨突起が大きいため、長時間の飛行ができ長い距離を移動することができるのです。

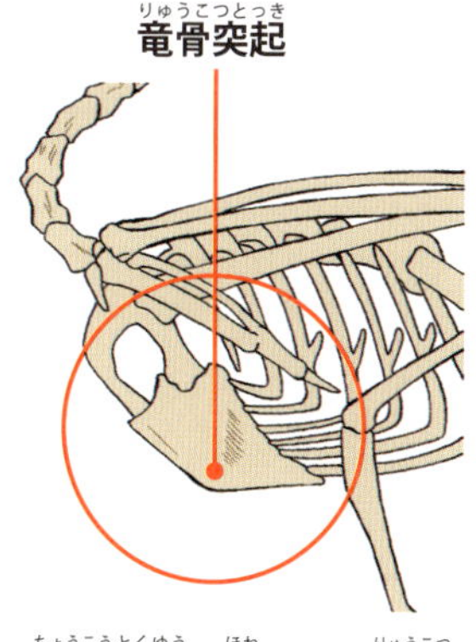

鳥綱特有の骨である「竜骨突起」と呼ばれる部分

骨のここがすごい!!

ペリカンは水辺で餌を見つけて捕食する時に水面をすくうように捕るため、鳥綱の中で最も長いくちばしを持っています。餌を捕まえた後はくちばしの下にある袋に魚を溜めますが、この部分は皮膚の一部で「咽頭嚢」と呼ばれています。この咽頭嚢を広げるため下顎は2本の細長い骨（下顎骨）が左右対称に並び、上顎は魚を捕まえやすいよう先端が少し曲がり滑り止めの役割を果たしています。また上顎の骨は軽量化のため小さな穴がたくさんあります。

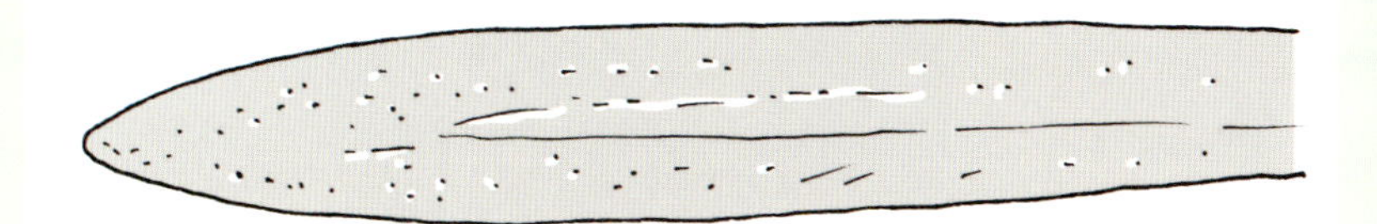
▲飛行の邪魔にならないよう穴が空いて軽くされたくちばしの骨

人間と大きさを比べてみよう

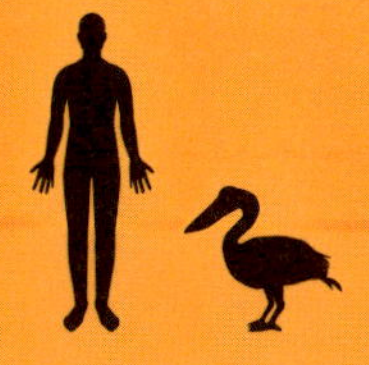

立っている状態のペリカンは50cm～80cm程度で子どもと変わりませんが、頭から尾までの長さでは120cm～190cmと人間の大人よりも大きい場合もあります。

27 ペンギン

DATA

- 鳥綱ペンギン目
- 体長／30cm～1.3m
- 体重／1kg～45kg

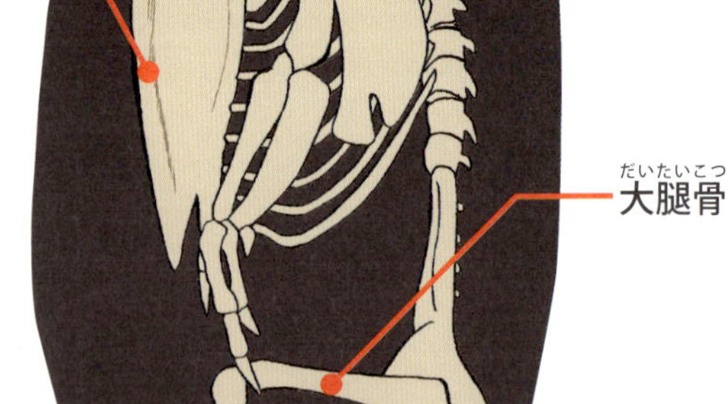

ペンギンってどんな動物？

南半球に生息する海鳥です。鳥の仲間ですが、空を飛ぶことはできません。元々は絶滅した北半球の鳥オオウミガラスをペンギンと呼んでいました。

Check! 泳ぐことに特化した体

ペンギンは飛ぶことのできない動物ですが、水中での泳ぎ、特に潜る能力は鳥の中でも随一で、水深564mまで潜ったという記録があります。翼はひれに近い形で「フリッパー」と呼びます。ほかの鳥は空を飛ぶために骨の中が空洞になっており、軽量化されていますがペンギンの骨は密度が高く、水に沈みやすいようになっています。この翼を羽ばたかせるように使い、自在に泳ぐことから水の中を飛ぶと表現することもあります。また羽毛も水をはじく構造に進化しており、体温を維持しながら冷たい水中でも活動できるようになっています。

第1章 動物の骨

骨のここがすごい!!

ペンギンは短い足でよちよち歩きで移動しますが、これはペンギン独自の体の構造が理由です。ペンギンの足は体の後方に配置されていて、通常の鳥よりも短く骨もしっかりとしています。この足の位置と体の構造は水の抵抗を受けにくく、泳ぐ上ではとても有利に働きます。また地上では直立した姿勢を保つことに繋がります。しかし歩くのには向いていないので、「ドボカン」と呼ばれる氷の上で腹ばいに滑る技で移動しています。

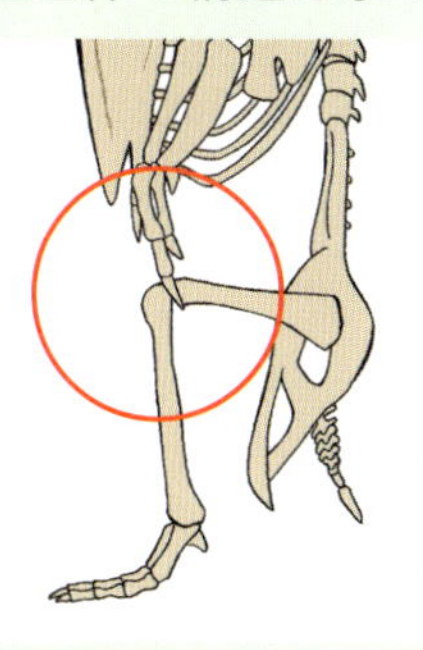

▶実はお腹の中で90度ひざが曲がっているので空気椅子みたいな形で立っています

人間と大きさを比べてみよう

地上最大のペンギンであるコウテイペンギンは体長130cm、体重45kgと小学生と同じくらいの体です。

28 ダチョウ

DATA

- 鳥綱ダチョウ目
- 体長／1.7m〜2.7m
- 体重／90kg〜160kg

ダチョウってどんな動物？

ダチョウはアフリカのサバンナ地帯や乾燥した半砂漠地帯に生息しています。走るのがとても速く、草や果実、虫などを食べて生活します。

Check! 速く走るために進化した鳥

ダチョウは鳥綱の中でもいちばん大きい鳥です。鳥といっても、ダチョウはペンギンと同じく飛べない鳥に分類されています。空を飛ばない代わりにダチョウは地上で生活できるよう進化しました。飛行能力を持つ鳥に比べ、翼を支える「竜骨突起」は小さく退化しましたが、地上を素早く走れるよう足の骨（大腿骨や脛骨）が非常に太くなっています。またほかの鳥綱が3本または4本の足指を持つのに対し、ダチョウは2本しかありません。

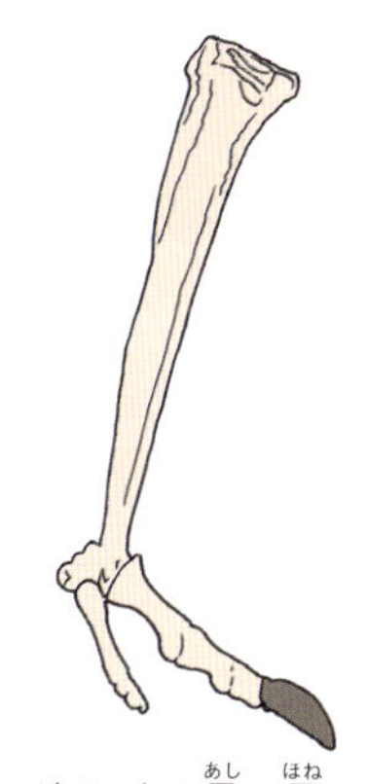
ダチョウの足の骨。

骨のここがすごい!!

空を飛ぶ鳥と違いダチョウの骨は軽量化されておらず、とても強い骨に成長します。これはより速く走るためで、最高時速70kmほどで走ることができます。また長い首はとても柔軟に動き、ヒトより10個も多い17個の頸椎を持ちます。この理由はダチョウが暮らすエリアにはライオンやヒョウ、ハイエナといった"ハンター"たちが多くいるため、自在に首を動かして周囲を警戒し、素早く逃げるために進化した結果です。

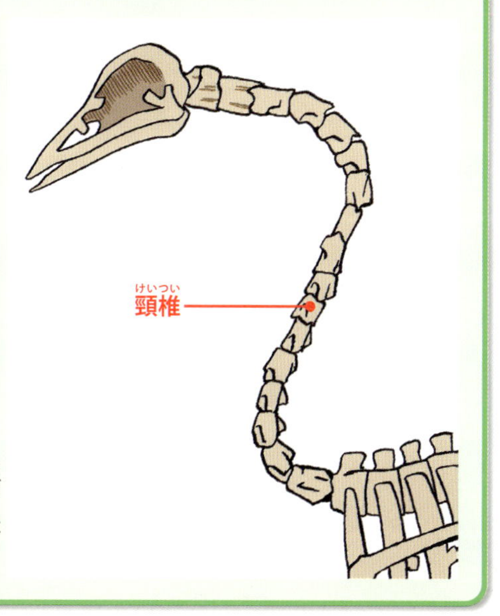

▶首に多くの頸椎があるため上下左右に柔軟に動かせて、さらに地面から3mほどの高さまで頭を伸ばすこともできます

人間と大きさを比べてみよう

ダチョウは鳥の中でも一番大きな種類で、大人の人間と同じかそれ以上の大きさに成長します。

動物の角は骨の一部なの？

角＝骨とは限らない

哺乳綱の中には頭に硬い角が生えた動物がいます。しかし、頭から生えていても、それが骨ではない動物もいます。それがサイです。奇蹄目のサイの角（中実角）は、ケラチンという爪や髪の毛と同じ成分でできていています。それに対し、偶蹄目のウシやシカなどの角は頭から伸びた骨となっています。ただし、ウシやヤギのような骨にケラチン質の鞘が覆うタイプの角（洞角）は生え変わらないのに対し、シカの角（枝角）は毎年春～夏に頭蓋骨の角座骨という部分から生え、繁殖期が終わる冬には頭から抜け落ちる特徴があります。

サイの中実角（左上）と牛の洞角（右上）、シカの枝角（左下）。ほかに毛と皮膚に覆われたキリン（P20）の角（オシコーン）もあります

第2章
太古の生物の
骨・化石

恐竜の時代と化石

恐竜はいつの時代に生きていたの

約2億5200万年前の中生代という時代に両生綱から進化したは虫綱が生態系の頂点に立ちます。中生代は「三畳紀」、「ジュラ紀」、「白亜紀」の3つの紀で構成され、は虫綱の恐竜が誕生したのは三畳紀の中期頃だと考えられています。その頃の恐竜はまだ小型の生物でしたが、最大の捕食者だった大型ワニが三畳紀末期に起きた火山噴火による気温低下によって絶滅します。捕食者だった大型ワニ類の絶滅と合わせて恐竜が地上の王者となり、ジュラ紀と白亜紀に繁栄しました。ジュラ紀前期までは世界中が一つの大陸だったため、恐竜の化石は南極大陸でも見つかることがあります。

多くの恐竜は、約6600万年前に現在のメキシコのユカタン半島に直径約10kmの隕石が衝突したことで生活環境が大きく変わりほぼ絶滅しました。しかし獣脚類と呼ばれる恐竜のグループから誕生した鳥綱は、現在まで生き残っています。また、恐竜の絶滅直後の約6200万年前頃には恐鳥類と呼ばれる大型の鳥が南アメリカで登場します。その姿はまるで肉食恐竜で、飛行能力を失った代わりに強靭な脚を発達させ小型の哺乳綱やは虫綱を捕食していました。中には北アメリカに進出した恐鳥類もいますが、どちらも気候変動や北アメリカからやってきた肉食性哺乳綱が原因で絶滅したと考えられています。

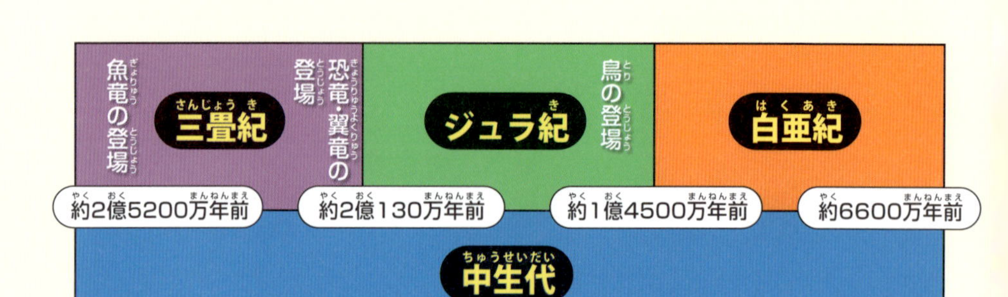

化石は過去からの贈り物

化石とは、大昔に生きていた生物の遺がいや足あとなどの活動の痕跡が現在まで残されたものです。通常、生物が死ぬと骨などが残っても最終的に微生物に分解され、風や雨にさらされることで姿を消してしまいます。しかし海や湖、川の底などに沈んだり泥や砂に埋まったごく一部の生物の遺がいは、通常より分解が遅くなります。筋肉や目などの柔らかい部分は腐って失われてしまいますが、骨や歯、殻など分解しにくい部分が残ることがあります。埋もれた遺がいが長期間圧力を受け、水に溶けた鉱物成分と置き換わることで石のようになります。こうして生物の遺がいは化石になるのです。また化石には琥珀の中に保存された虫の遺がいや、氷に閉じ込められ毛や皮膚まで保存された冷凍マンモスなどの化石もあります。どの化石も当時の生き物がどのように暮らしていたかを調べる貴重なヒントになるのです。

生物が化石になるまで

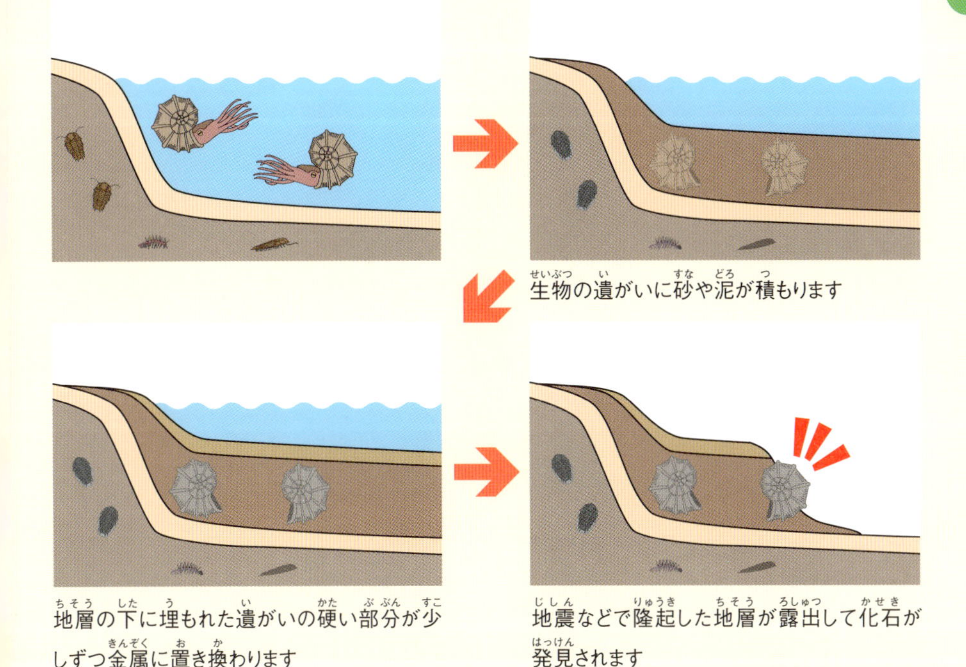

生物の遺がいに砂や泥が積もります

地層の下に埋もれた遺がいの硬い部分が少しずつ金属に置き換わります

地震などで隆起した地層が露出して化石が発見されます

29 ティラノサウルス

DATA

- は虫綱竜盤目
- 体長／12m〜13m
- 体重／5t〜9t

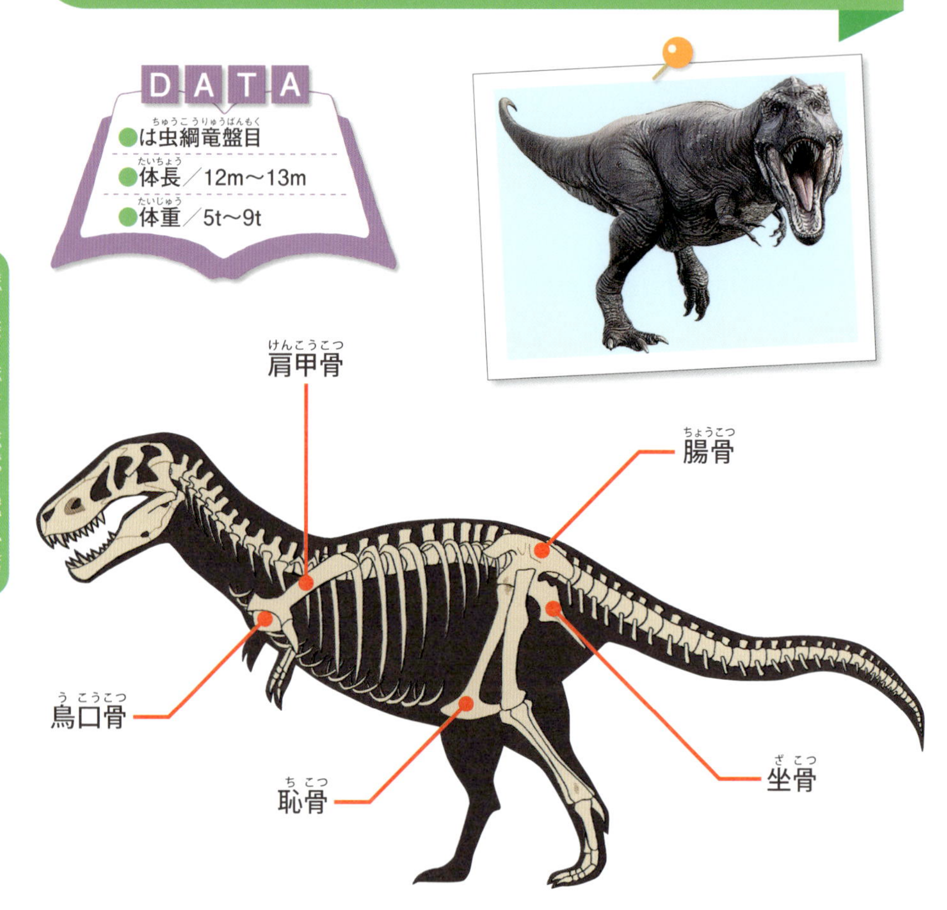

ティラノスルスってどんな動物？

約6800万〜6600万年前（白亜紀後期）に生きていた肉食恐竜。北アメリカ大陸の湿地帯や森林など、温暖な環境で生息していたとされています。

Check! 体は羽毛で覆われていた？

ティラノサウルスは体長約12m、体高約6m、体重約7tにもなる巨大な恐竜です。肉食で頂点捕食者として君臨し、大型の草食恐竜（トリケラトプスやエドモントサウルスなど）を狩っていたと考えられています。近年の研究では、ティラノサウルスの先祖に羽毛が生えている証拠が見つかりました。これは子どもの時のみ持っていて、大人になるにつれ徐々に羽毛が抜けていたと考えられています。

羽毛のある子どものティラノサウルス（想像図）。

骨のここがすごい!!

肉食恐竜の歯は、肉を切り裂くためステーキナイフのような形をしていることが多いです。ティラノサウルスも同じく噛みついた獲物の骨まで歯を食い込ませ、引きちぎっていたとされています。歯は最大30cmを越える鋭い歯が並び、噛む力は最大6t～8tとワニの約8倍もありました。小さくても獲物を抑え込める強力な筋肉を持った腕や、素早い動きができる強靭な足を持っていましたが、走るのはそれほど速くはなく、時速30kmほどといわれています。

▶鋭い歯を持っていたティラノサウルスの頭蓋骨

人間と大きさを比べてみよう

体高が6mと人間の約3～4倍ほどもある。こんな恐竜に襲われることを想像したら怖くて震えてしまうね!

30 ステゴサウルス

DATA

- は虫綱鳥盤目
- 体長／7m～9m
- 体重／2t～4t

ステゴサウルスってどんな動物?

約1億5500万～1億4500万年前（ジュラ紀後期）に生息していた草食性の恐竜です。背中にある特徴的な骨板が瓦に見えることから、「屋根のある恐竜」の意味を持つ名前が付けられました。

背中の骨板は何のため？

ステゴサウルスの最大の特徴は、背中に並ぶ17〜22枚の大きな骨板です。この骨板は一直線に生えているのではなく、背中の左右に互い違いに立ち並んでいます。しかし、現在はその役割について明確な答えが出ていません。骨板は硬くはなく中身がスカスカなため、天敵から身を守るためのものではないと思われています。そのため血液を循環させ太陽光で体を温める体温調節の役割や、仲間内での序列付け、または求愛行動に使ったなどいろいろな説があります。

骨のここがすごい!!

ステゴサウルスの武器は、尾の先にある鋭い4本の長大なトゲ「サゴマイザー」です。大きいもので1つのトゲの長さは60cmにもなったといわれています。捕食者に対して尾を左右に振り回し敵と戦う、主に防御を目的とした武器だったと考えられています。ステゴサウルスの天敵として肉食恐竜のアロサウルスが挙げられます。そのためアロサウルスに対して尾のサゴマイザーで反撃したと考えられ、サゴマイザーで傷ついたと思われるアロサウルスの骨の化石も発見されています。

▶アロサウルスの脊椎に刺さったステゴサウルスのサゴマイザーの再現イラスト。強い力で尾を振り回して戦っていたと考えられます

人間と大きさを比べてみよう

体長は最大9mとヒトよりはるかに巨大ですが、脳の大きさはクルミサイズでした。

31 トリケラトプス

DATA

- は虫綱鳥盤目
- 体長／8m〜9m
- 体重／6t〜12t

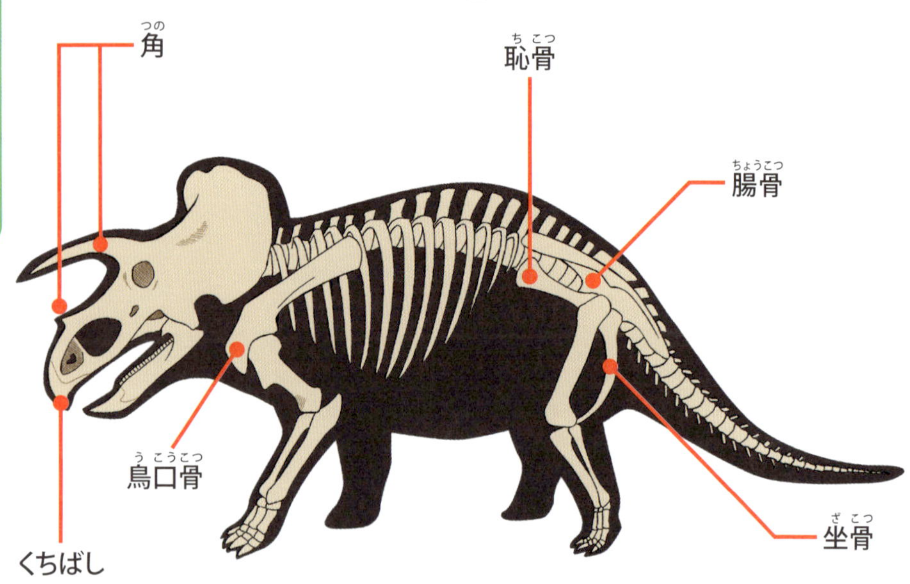

トリケラトプスってどんな動物？

ティラノサウルスと同じ白亜紀後期、同じく北アメリカに生息していた草食恐竜。頭に3本の角と骨でできたフリル（襟飾り）を持っていました。

Check! 現代のサイに似た3本角の恐竜

立派な3本の角が特徴的なトリケラトプス。その名前も「3本の角を持つ顔」という意味があります。完全な草食恐竜で、シダ類、ソテツ、被子植物などを食べていました。口の先には植物を採るくちばしがあり、その奥には堅い植物をすりつぶすための奥歯も生えていました。前足は後ろ足より短く、骨も太く頑丈なため重い体を効率的に支えることができました。ちなみに親指と人差し指、中指の3本は太い蹄状の構造をしていて、安定して歩くことができました。

骨のここがすごい!!

最も目立つ頭部には鼻の上にある短めの1本と、眉の上にある長めの2本の角を備えています。捕食者に狙われるとトリケラトプスはサイのように相手に突進し、この長い角で敵と戦っていたといわれています。トリケラトプスの化石にはティラノサウルスに付けられたとされる歯型が残るものがあり、天敵だった可能性があります。また頭部の後ろに広がる大きなフリルも持ち、首を守る盾のような役割を果たしていたのではないかといわれています。

▶首にあるフリルは防御のほか、体温調節や異性へのアピールに使われた可能性もあります

人間と大きさを比べてみよう

体長は9m、体高は3mもありました。見た目はサイに似ていますが、大きさは全然違いますね。

32 アンキロサウルス

DATA

- は虫綱鳥盤目
- 体長／6m〜8m
- 体重／4t〜8t

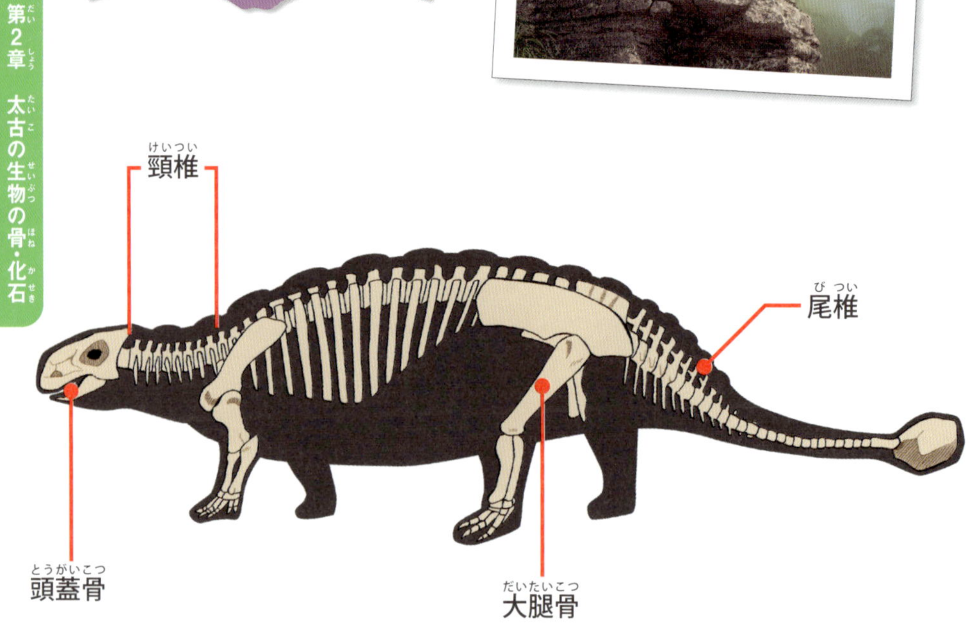

アンキロサウルスってどんな動物？

約6800万〜6600万年前（白亜紀後期）に、南北アメリカで暮らしていた草食恐竜です。頭頂部と背中全体が多角形の堅い骨板で形成されたことから、鎧竜ともいわれます。

戦車のような重厚な体

アンキロサウルスの体は、皮膚の内部に発達した骨の板である「皮骨」によって守られていました。また、頭部は頭蓋骨自体が厚いのに加えてトゲがあり、肉食恐竜にとっては攻撃しにくい相手でした。一方、重たい体を支えるために四肢は短く、全速力で走っても時速10km前後という足の遅さと、皮骨化されていないお腹の部分が柔らかいという弱点もありました。しかし、一度しゃがみ込むと当時最強の肉食恐竜といわれたティラノサウルスでも、ひっくり返して捕食することは難しかったと思われています。まさに現代の戦車のような恐竜でした。

骨のここがすごい!!

アンキロサウルスの特徴は防御力だけではありません。アンキロサウルスの尾の骨はとても太く強靭で、尾の先には骨の板が何枚も組み合った硬いこぶがあり、捕食者に対してこん棒のように振り回して反撃していました。その攻撃力は足や顎に当たれば、相手を行動不能にするほどの威力があったようです。また尾のこぶは、群れの中のボス争いや、求愛行動の際のアピールにも使われていた可能性も指摘されています。

▲ティラノサウルスに対して攻撃を仕掛けるアンキロサウルス。白亜紀後期の北アメリカでは日常的な風景だったのかもしれません

人間と大きさを比べてみよう

アンキロサウルスの体長は最大8m、体重は8tもありました。

33 ディプロドクス

DATA

- は虫綱竜盤目
- 体長／20m～35m
- 体重／10t～25t

ディプロドクスってどんな動物？

約1億5400万～1億4500万年前（ジュラ紀後期）に北アメリカに生息していた草食恐竜。大きな体を活かし高いところにある植物を餌として食べていました。

Check! 史上最大級の大きさを誇る草食恐竜

体が大きい分、動きが遅い竜盤目の竜脚形類というグループに属するディプロドクス。その大きさは地上の動物の中でも最大級を誇り、体長は20m以上で体重は10 t を越えていたようです。7mを越える長い首を持ち、同じ場所に立ったまま首を伸ばして、広い範囲の植物を食べることができたそうです。基本的に数頭の群れで暮らし、仲間が食事している間はほかの仲間が周りを見張っていました。ちなみに草食恐竜ですが、その体の大きさから大型の肉食恐竜以外からは襲われる心配がなかったそうです。

骨のここがすごい!!

細長い首と長い尾を持つディプロドクスですが、首の骨は椎骨内部が部分的に空洞になっていて、軽量化がされていたそうです。足の骨も、その重い体を支えるため太く丈夫で柱のように頑丈だったそうです。また長い尾は70個以上の椎骨でできていて、歩くときは地面から尾を上げて歩いていました。発見されたディプロドクスの化石から、この尾には強靭な筋肉が付いていたことが分かっています。さらに尾の近くにはトゲも付いていたようで、尻尾を鞭のように左右に振って敵を追い払っていたと考えられています。

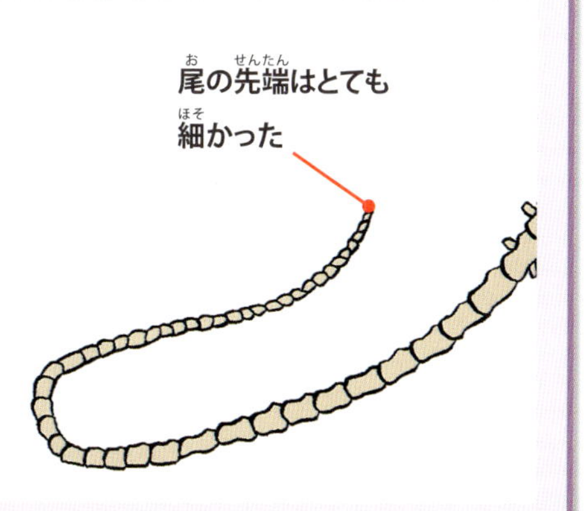

▶尻尾は鞭のように音速で振るっていたほか、一説によるとバランスを取る役目もあったとされています

人間と大きさを比べてみよう

アフリカゾウの3～4倍の体長を誇りますが、体高自体は4～5mほどと細長い体型をしていたといわれています。

34 プテラノドン

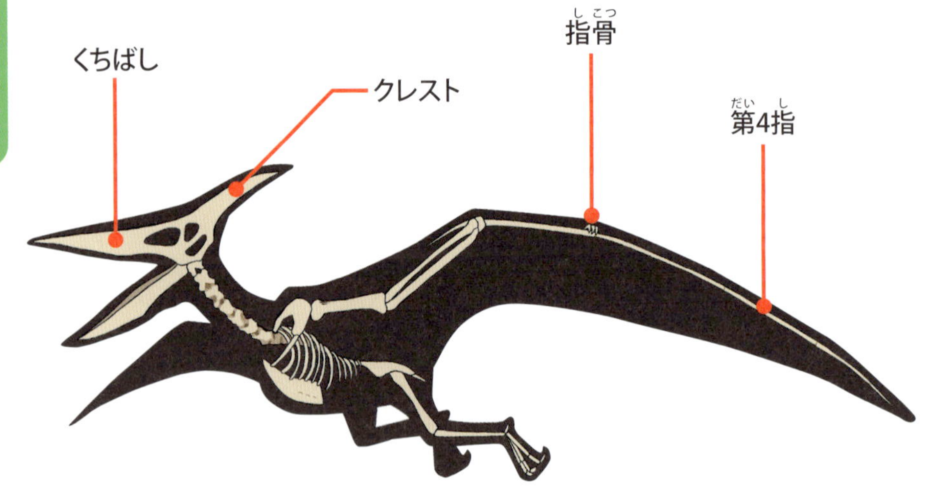

プテラノドンってどんな動物？

約8900万〜8500万年前（白亜紀後期）に、北アメリカの海岸沿いに生息していました。基本的に魚を主食とし、海の上を滑空しながら魚を捕まえていました。

巨大な体で空を舞う翼竜

プテラノドンは恐竜ではなく、翼竜というは虫綱の別グループに属します。翼竜という名の通り、高い長距離飛行能力を持っていました。現在の鳥綱よりもはるかに大きい体と約7mという翼を持っていましたが、軽量化のため骨の中がパイプ状の空洞になっていて、体重は15～25kg程度だったとされています。また翼は鳥のような腕ではなく、長く発達した第4指で支えていました。羽ばたくこともできましたが、滑空が得意で風を利用して効率よく飛んでいたとされます。ちなみに飛行中の速さは時速50kmほどだったと推測されています。

骨のここがすごい!!

頭部には長いくちばしと、特徴的な「クレスト」と呼ばれる骨の突起があります。くちばしには歯がなく、獲物を丸飲みにしていたそうです。後ろのクレストは飛行時のバランス調整や、異性へのアピールに使われていたと考えられます。またプテラノドンは地上を移動する際、四足歩行をしていたとされる足跡化石が見つかっています。そのため地上から飛び立つ時に鳥とは違い、コウモリのように後足と翼で地面を蹴って飛び立っていたと考えられています。

Photo by stevesheriw

▶四足歩行時の骨格標本。鳥のように二足歩行ではなく、前足も歩行に利用していたとされます

人間と大きさを比べてみよう

翼を広げた全長は7mほどにもなるプテラノドン。しかし体高はそれほどでもなく、歩行時は大きい個体で1.5mほどだったとされています。

35 オフタルモサウルス

DATA

- は虫綱魚竜目(ちゅうこうぎょりゅうもく)
- 体長(たいちょう)／3.5m〜6m
- 体重(たいじゅう)／930kg〜2t

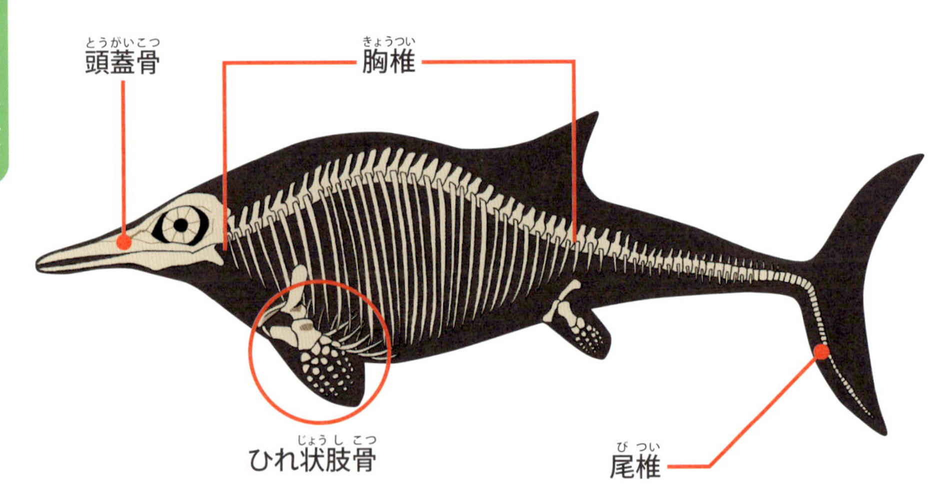

オフタルモサウルスってどんな動物(どうぶつ)？

オフタルモサウルスは約(やく)1億(おく)6500万年(まんねん)〜1億(おく)4500万年(まんねん)前(まえ)（ジュラ紀後期(きこうき)）の海(うみ)に生息(せいそく)していた、魚竜(ぎょりゅう)と呼(よ)ばれる大型(おおがた)のは虫綱(ちゅうこう)です。

マグロやイルカのような体

オフタルモサウルスが属する魚竜目の動物は、2億5000万年から9000万年前にかけて生きていました。魚竜は共通して大きなひれ足と流線形の体を持つ生物で、現在のクジラやイルカにあたる存在でした。中でも中型サイズのオフタルモサウルスは、体の造りがイルカやマグロに近い構造をしていて、イルカなどと同様に三日月の形の尾びれを力強く振ることで、最高時速40km前後で泳げたと考えられています。主に魚やベレムナイトと呼ばれるイカに似た軟体動物を食べていました。

骨のここがすごい!!

魚竜目の仲間は現在の魚類やイルカと比べて目が大きいのですが、オフタルモサウルスはその中でも特に目が大きい存在でした。眼球を入れる骨である眼窩の直径が23cmあり、眼球も最低でも10cm、最大で20cmほどもあったのではないかと考える研究者もいます。目を保護する強膜輪と呼ばれる骨も、眼球の直径と同じくらいのサイズでした。強膜輪は水圧の高い深海で活動するために必要で、魚竜の中でも強膜輪が発達していたオフタルモサウルスは、水深600m近くまで潜って獲物を捕食することができたようです。

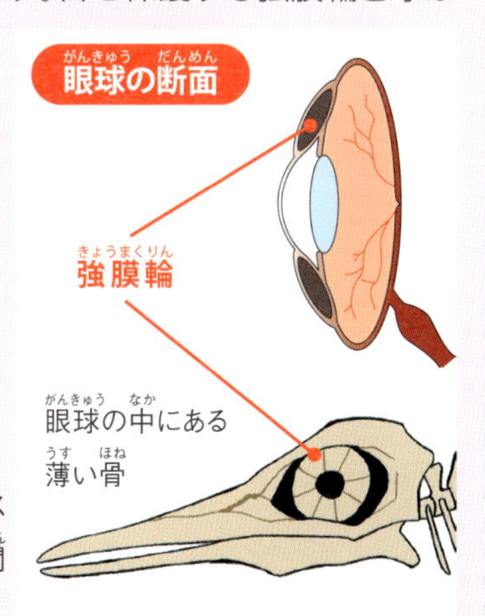

▶眼球の断面とオフタルモサウルスの頭蓋骨。頭の造りの大半が目に関係する役割で占められています

人間と大きさを比べてみよう

体長6m、体重2tのオフタルモサウルスは、現代だとクジラの仲間のシャチと同じくらいのサイズです。

36 マンモス

DATA

- 哺乳綱長鼻目
- 体長／1.2m～4.5m
- 体重／200kg～10t

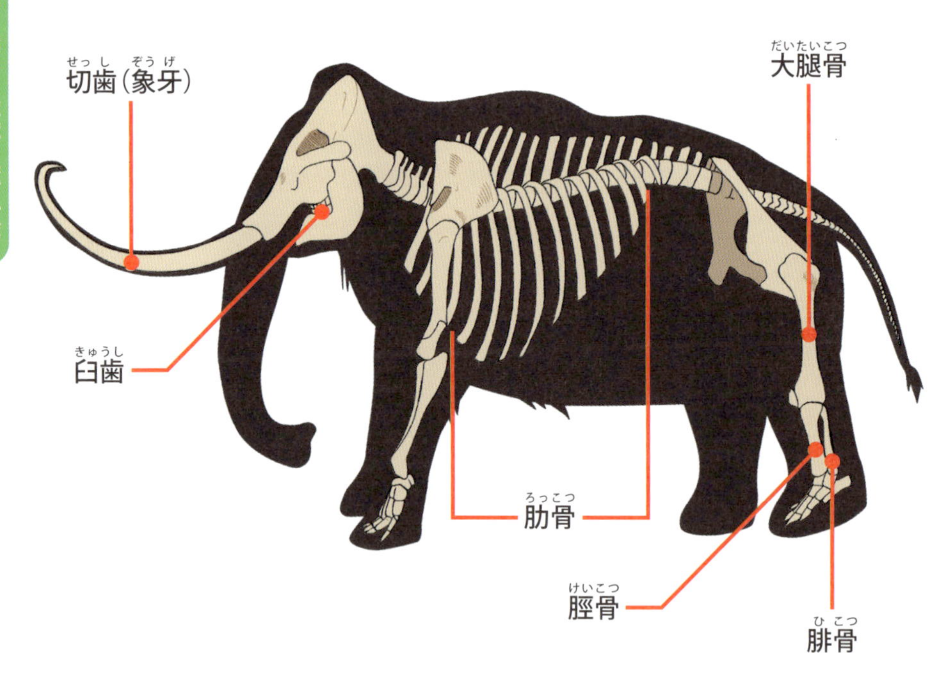

マンモスってどんな動物？

約500万年前から4000年前まで地球上に生息していたゾウ科の大型哺乳綱です。寒冷な環境に適応した結果、現在のゾウとは違い体毛を纏っていました。

Check! 寒冷化とともに栄えて滅んだ

マンモスはアジアゾウに近い生物で、アジアゾウの祖先が温暖な地域に適応したのに対して、マンモスは寒い地域で熱を逃がさないように、厚い脂肪と大きな体を持つように進化しました。しかし約1万年前に氷期が終わり、暖かくなってくるとそれまでマンモスの主食だったイネ科の植物の数が減ります。またヒトがマンモスの暮らしていた地域に進出したことも絶滅の一つの要因と考えられています。

骨のここがすごい!!

大きく湾曲したマンモスの牙は、特にケナガマンモスの象徴的な特徴です。この牙は、オスでは長さが4m以上に達することもありました。現在のゾウより大きく湾曲した牙は、雪や氷を掘り起こして草を探すのに役立ったと考えられています。また、マンモスの頭蓋骨は、現生のゾウよりも高く湾曲したドーム型の形状をしています。これは、長い牙を支えるための筋肉や骨の構造を強化する役割を持つための進化だと考えられています。

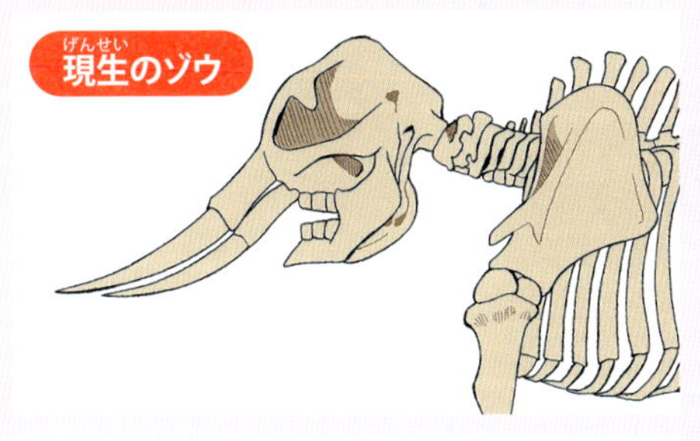

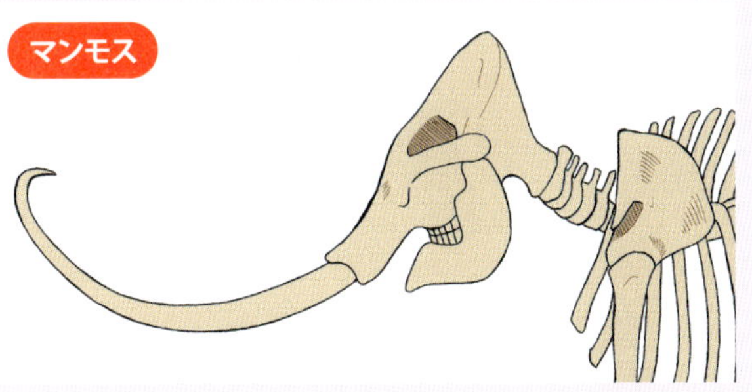

▶現生のゾウ（上）とマンモス（下）の頭蓋骨。牙は上顎の歯が大きく発達したもので伸び続けます

人間と大きさを比べてみよう

ケナガマンモスの体高は3m～4m。体重は最大で4.5tもありました。

37 スミロドン

DATA

- 哺乳綱食肉目
- 体長／1.2m～2m
- 体重／200kg～400kg

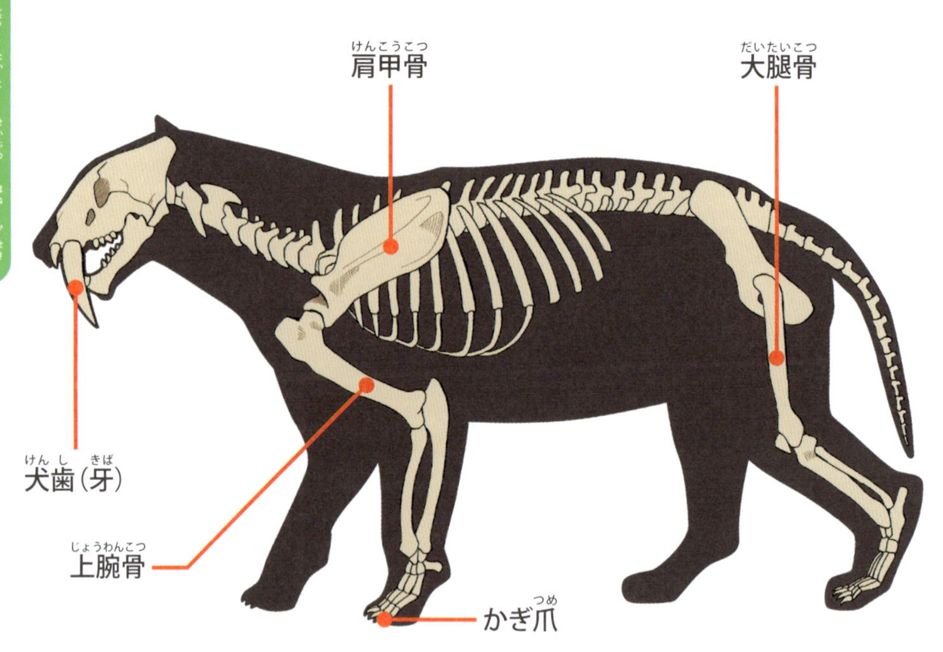

スミロドンってどんな動物？

約250万～1万年前（第4期更新世）の時代に生きていた哺乳綱の動物です。現在のライオンやネコなどと同じネコ科に属していて、共通の祖先を持っています。

スピードよりパワーが自慢のハンター

上顎から生えた、2本のサーベル(剣)のような歯が特徴のスミロドン。見た目そのままに別名「サーベルタイガー」と呼ばれています。トラやヒョウといった現代のネコ科よりもがっしりとした体つきで、素早さにはあまり自信がなかったようです。その代わりに強い力と重い体を駆使し、動きの遅い大型動物に狙いを定めていました。狩りをする時は森の中で待ち伏せをして、近づいてきたバイソンなどの獲物に襲い掛かったそうです。そして強靭な前足で力強く獲物を抑え込み、その鋭い牙で息の根を止めていたと考えられています。

骨のここがすごい!!

別名の由来ともなった長いサーベル状の歯。この犬歯は裏側がステーキナイフのようにギザギザで鋭くなっていて、約30cmという長さの歯を持つ個体もいたそうです。スミロドンはこの歯を駆使して大型の草食動物に狙いを定め、喉や首を切り裂いて仕留めていました。ただし、意外にも耐久性は低かったようで、獲物の骨にぶつかると折れることもあったそうです。また歯を獲物に深く食い込ませるために口を大きく開く必要があり、顎は約120度も開くことができたと考えられています。

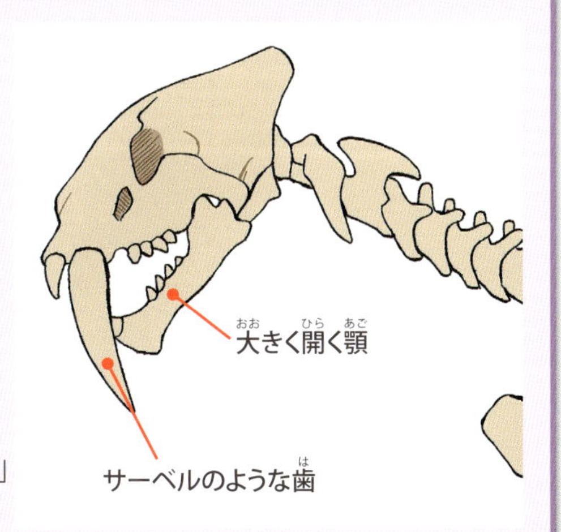

▶「噛み付く」よりも「切り裂く」ことに特化したスミロドンの歯

人間と大きさを比べてみよう

体高は1mほどで、体長は尾まで含めると2.5mを越える個体も居ました。大きさに比べて体重が重く、パワーファイターだったことが分かります。

38 アーケオプテリクス

DATA

- は虫綱竜盤目
- 体長／50cm〜60cm
- 体重／500g〜1kg

頭蓋骨

頸椎

叉骨

胸骨

尾椎

アーケオプテリクスってどんな動物？

ジュラ紀後期の恐竜で、現在の鳥に似た特徴があることから「始祖鳥」とも呼ばれています。雑食性で、主に昆虫や小型の動物を食べていたと考えられます。

Check! 鳥と恐竜の中間的な特徴

アーケオプテリクスには鳥に近い特徴があり、その一つが羽毛です。現在は恐竜の研究が進み、羽毛が生えている恐竜は20属以上見つかっています。その中でもアーケオプテリクスを含むマニラプトル類は、飛行に適した骨の形状と翼を持っていました。アーケオプテリクスは、鳥綱に見られる叉骨部分の化石も見つかっていることから、短距離の飛行能力はあったと考えられます。しかし、鳥綱の大きな特徴の一つである竜骨突起が発達していなかったことから、現在の鳥のように長距離を自由に飛ぶことはできなかったと考えられています。

骨のここがすごい!!

アーケオプテリクスの前足(翼)の指の数は、現在の鳥と同様に3本ですが、それぞれに鋭いかぎ爪がありました。爪のある指で獲物を掴んだり、木に登ったりしていたと考えられます。また、現代の鳥は歯が退化してクチバシになっていますが、アーケオプテリクスの口には小さく鋭い歯が並んでいます。尾椎が長いことや、胸骨が完全に発達していないことも、アーケオプテリクスが本格的な飛行ができなかったと考えられる理由の一つとなっています。

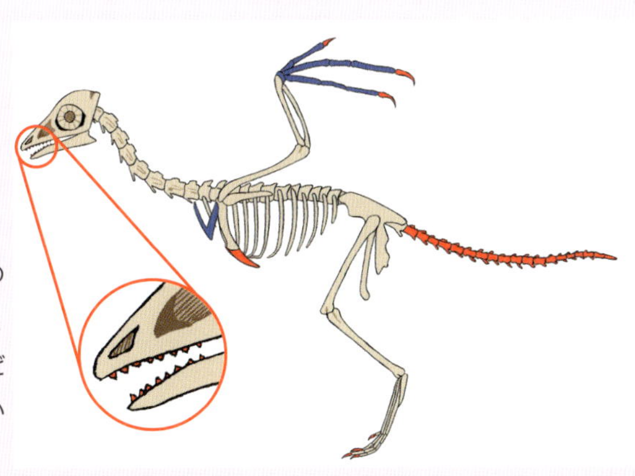

▶青に塗られた叉骨や指の骨格構造は鳥に近い一方、赤に塗られた尾椎や歯などは、獣脚類の特徴を残しています

人間と大きさを比べてみよう

体長は約50cm～60cmですが、胴体部分だけを見ると現代のカラスやハトと同じくらいのサイズです。

進化と退化

突然変異から生まれる進化

進化とは、生物がとても長い時間をかけ少しずつ変化し、別の生物になることです。生物は基本的に親の特徴をそのまま受け継ぎますが、毛の色が違うなど突然変異の個体が生まれることがあります。その変異が生存環境で有用な場合、その特徴を持つ個体が増え、やがて元の生物とは別の生物へ進化を遂げます。ゾウの鼻やキリンの首は、元々短かったものが、長くすることで生存に有利だったので伸びていきました。逆に特定の機能や体の一部が使われず小さくなる現象を退化といいます。これも進化の一つで、生物が環境に合わせて体を作り直していく、大切な仕組みの一つなのです。

ウマの足の進化

エオヒップス（5000万年前）→ メソヒップス（3000万年前）→ エクウス（現在）

ウマの先祖のエオヒップスは森の中で暮らしていました。しかし住む環境が草原に変わると、敵の肉食動物から素早く逃げる必要がありました。その過程で、足の第三指の小さな爪部分が指先を覆う蹄に進化し、第三指以外の指は退化しました。

第3章 骨の魅力

骨の世界へようこそ！

1章2章で骨に触れ、だんだんと「骨」が気になってきましたか？ 3章ではそんなあなたを骨探し、骨集めの世界へ誘います！ 意外と身近なところに骨との出会いはあります。あなたが普段生活する身の回りの骨に注目してみましょう！

第3章 骨の魅力

ごちそうさまでした
一番身近な全身骨格
巣をつくる動物が集める素材には、時々毛皮などに混ざって小動物の骨が含まれていることもあるよ！
山歩きやハイキングに行ったとき周りをよく観察してみると、そこで命を終えた動物の骨や、冬の間に落ちた鹿の角が見つかるかも
ボランティア ゴミ袋
街の中でも鳥の巣の下などで骨を拾うことがあるよ
浜辺へ行くと打ち上げられたクジラの骨や動物の骨、貝殻などが見つかるかも

骨標本の作り方［手順編①］

この本に出てくる「骨」標本の作り方①

「作りたい！」と思ったら…

「標本を作ってみたいけど難しそう…」そう思っている人は多いはず。そんな時もまずはやってみましょう！ 当然、初めての骨格標本作りから完璧なものができるわけではありません。作るものによっては脂がたくさん出て、何度も脂を抜く作業が必要です。また複雑な骨の形を持つ動物の場合は除肉（骨から肉を取る）作業が大変だったり、骨の一部を無くしてしまったりなど、時間と手間が掛かります。

しかし、何度もチャレンジしてみることで技術も上がって次第にキレイな骨格を残すことができるようになります。最終的に自分が納得できる骨標本ができるまで、さまざまな種類の骨を集めるつもりで、何回も骨格標本作りにチャレンジしてみましょう！

キレイな標本はディスプレイとして飾っても素敵

肉はできるだけ取る！

骨の周りには肉や筋がついていますが、どのような処理をするにしてもできるだけ肉の部分を取ることが大切です。作業の一歩目として家庭にある入手のしやすい道具などを紹介しながら、具体的な作業例を解説していきます。

鍋料理で食べられるスッポンも、骨標本にするととてもかっこいい！

作業例① 煮込む

多くの骨格標本作成に使われる手法として煮込みがあります。煮込むことで周りの肉や硬い筋を取りやすくなるのです。その際に脂が出て浮いてきたら何度もお湯を交換して、できるだけ弱火でコトコトと煮込みましょう。そうすることで骨に含まれる脂や肉、筋の部分をしっかり取り除くことができます。

大き目の鍋を用意すると色んな骨を煮込めます!

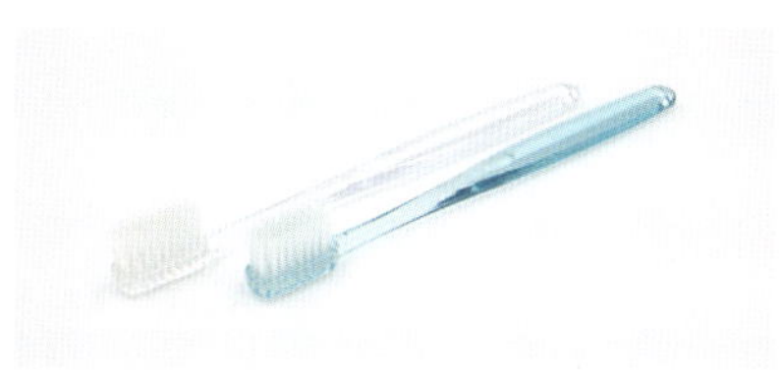

細かい肉は歯ブラシで磨いて除去

毛抜きも有効活用しよう

根気強く作業する

除肉は繰り返しが必要な根気のいる作業です。そして骨は硬いのでコトコト弱火で煮込んでも、その形を残してくれます。例えば家で鍋をした時は具材として使った魚の骨や、鳥の骨が残るので取り出してしっかり洗って乾燥させれば立派な標本になりますよ! 細かい肉が残っていた場合は毛抜きや歯ブラシを使ってキレイにしましょう。

標本作りは楽しみながら!

作業の注意点

1 小さな頭骨や軟骨部分は、煮込みすぎるとパーツがバラバラになってしまう可能性があるので注意!

2 煮込む時はやけどをしないよう箸やトングを用意して慎重に作業をしましょう。

骨標本の作り方[手順編②]

この本に出てくる「骨」標本の作り方②

作業例② 虫に食べてもらう

キレイな骨を手に入れたい。だけどじっくりコトコト煮込んで肉を取っている時間もないし手間が掛かるのもイヤ!という人には、裏技として虫に助けてもらうという手もあります。例えば生きたミルワームは釣り具店などで餌用の虫として販売されているので、比較的簡単に入手が可能です。

釣具店などで購入できるミルワーム

飼育の仕方

ミルワームを購入したあとは蓋つきのケースにおがくずを入れ、ミルワームを飼育しましょう。その際はサナギにならないよう20℃以下の環境を保ちながらの飼育をおすすめします。除肉をして欲しい時は肉のついたままの骨を入れておけば、虫が肉や脂を食べてくれキレイな骨にしてくれます。

おがくずを入れたケース

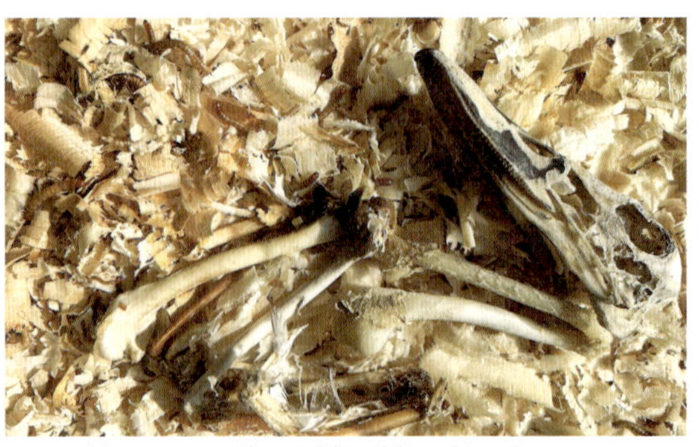

カモの頭骨。これは頭骨の薄い部分を虫が食べてしまった跡があるので放置に注意!

作業の注意点

柔らかい骨や小さい部位は虫たちが骨まで食べてしまうこともあるので、こまめに観察して良いタイミングで取り出しましょう。

作業例❸ 洗浄剤を使う

骨が細く、煮込むことで骨がバラバラになってしまう動物もいます。魚の骨やスッポンの頭骨などがそれにあたり、こういった骨を除肉する際は薬品を使いましょう。具体的には「入れ歯洗浄剤」に浸けることで骨についた肉や脂を取り除くことができます。この際に分量は100mlの水に対して洗浄剤を1錠入れるのが望ましいです。

大きいトレーなど密閉されない容器を準備しよう

こまめに観察

実際に使う時は広さに余裕を持った容器に骨を入れてから、入れ歯洗浄剤を投入します。シュワシュワと泡が発生するので、密閉した容器は避けましょう。魚の頭部はバラバラになりやすいので、形を保つためにこまめに容器の中身を交換しましょう。こうしてしっかりと除肉が終わるまでこの作業を繰り返します。

また骨の色を白くしたい場合はオキシドールなどの殺菌・消毒剤に浸し、好みの白さになったらしっかりと水洗いをして乾燥させましょう。

作業の注意点

殺菌・消毒剤で骨を白くする際は頭骨などの薄い骨はバラバラになることがあるので、こちらもこまめに観察しましょう。

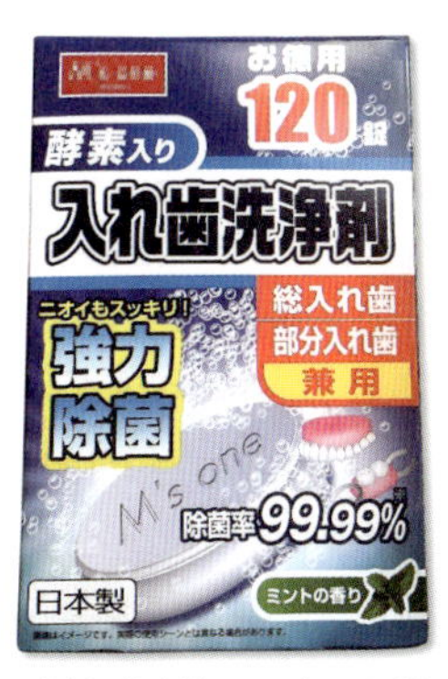

骨格標本作りの強い味方である入れ歯洗浄剤

好みの白さになるまで浸そう

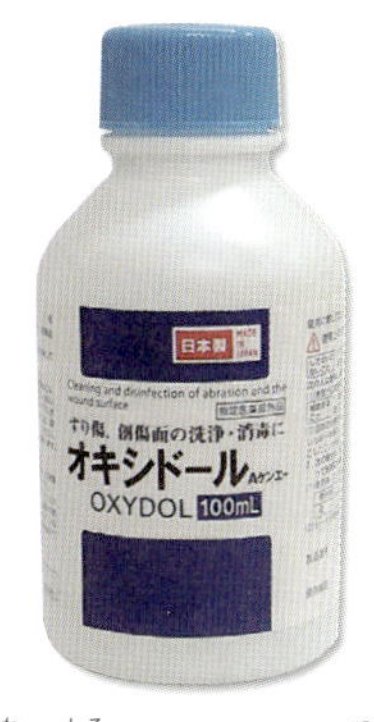

骨を白くするために使う殺菌・消毒剤

骨標本の作り方[あったら便利な道具編]

標本作りの道具をそろえよう

骨標本を作るにあたり便利な道具を紹介します。自宅にないものはスーパーや薬局、ホームセンターで購入しましょう。

除肉作業に使う道具

徐肉をするときに使用する道具たちです。自分の使いやすい道具を選びましょう。シリンジは細かい穴に水圧をかけてきれいにする時に使います。

骨を分けるのに便利な道具

水切りネットやお茶パックは、骨を煮込んだり容器に入れるときに小さな骨が無くならないようにしたり、部位ごとに分けるときに便利です。

骨をキレイにする道具

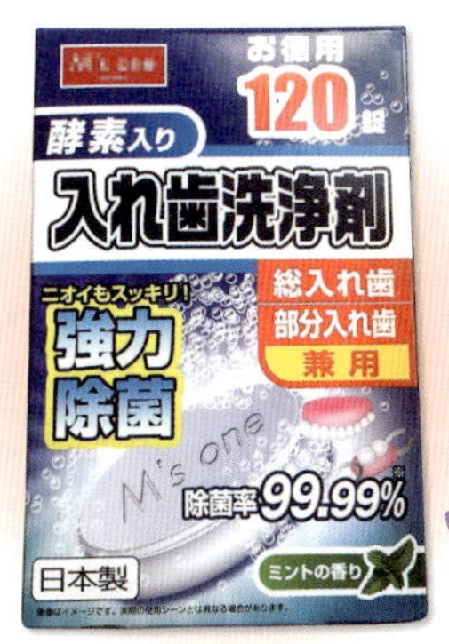

入れ歯洗浄剤

残った肉片を除くなら酵素入りの入れ歯洗浄剤を利用しましょう。独特な標本作業中の匂いをさわやかなミントの香りにしてくれます。除菌や漂白までしてくれる必需品です。

殺菌・消毒剤

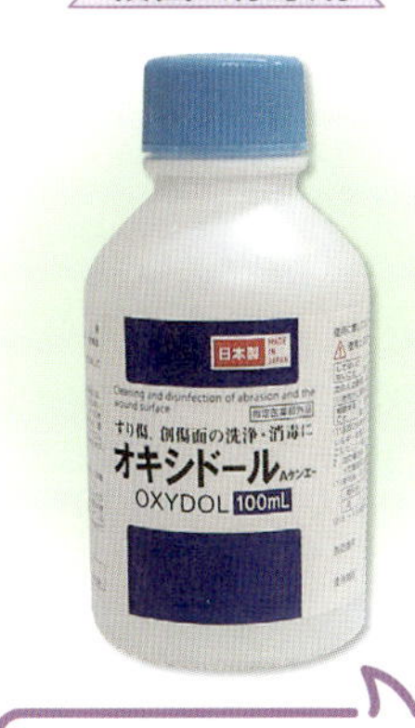

骨を白くしたいと思ったときに使いましょう。

仕上げの道具

グルーガン

スティック状の接着剤を熱で溶かして接着するグルーガンを使えば、大きめの骨でも簡単に接着できます。骨がつるつるなら接着面を紙やすりでこすってザラザラにすると接着がしやすくなります。

瞬間接着剤、ボンド

骨を組むときに自分の好みで扱いやすいものを選んでみてください。木工用の接着剤は失敗しても水にふやかせばやり直しがきくメリットがあります。

生活の中から骨を探す[キンキ・タイ編]

Check! 食べた魚を標本に!

食卓に魚が並ぶことも多いと思います。一匹そのままの姿で料理された魚は食べながらも、体の骨構造や内臓の位置などじっくり観察する良い機会です。気に入った骨はぜひ標本として取っておきましょう。ラベルを貼って標本箱に並べれば、食卓の魚も立派な標本となるのです!

キンキの標本の作り方

1 これは魚屋さんで買ったキンキ。じっくり観察してみましょう。

キレイに食べてみよう!

和　名	キンキ
入手日	2024.11.3
入手先	小樽の○○魚屋
製作日	2024.11.16完成
製作者	ナゴ
備　考	

2 ラベルを貼ったら標本に!

タイのタイ?

魚の骨はバラバラになりやすくその形を保って保存することはなかなか技術が必要ですが、チャレンジしてみると意外と楽しくできることも。お気に入りの骨の形を探してみましょう!

またタイをはじめ一部の魚の骨には隠れキャラ的な「かわいい形の骨」があります。別名「タイのタイ」と呼ばれ、硬い骨を持った多くの魚のエラ付近にあります。小さい魚のような姿にも見え、江戸時代には「めでたい鯛の体にさらにめでたい形の骨がある」と縁起物とされていたようです。解剖学的には肩甲骨と烏口骨がつながった骨となります。あなたも頭付きの魚を食べて「タイのタイ」を探してみましょう!

タイのタイはどこかな?

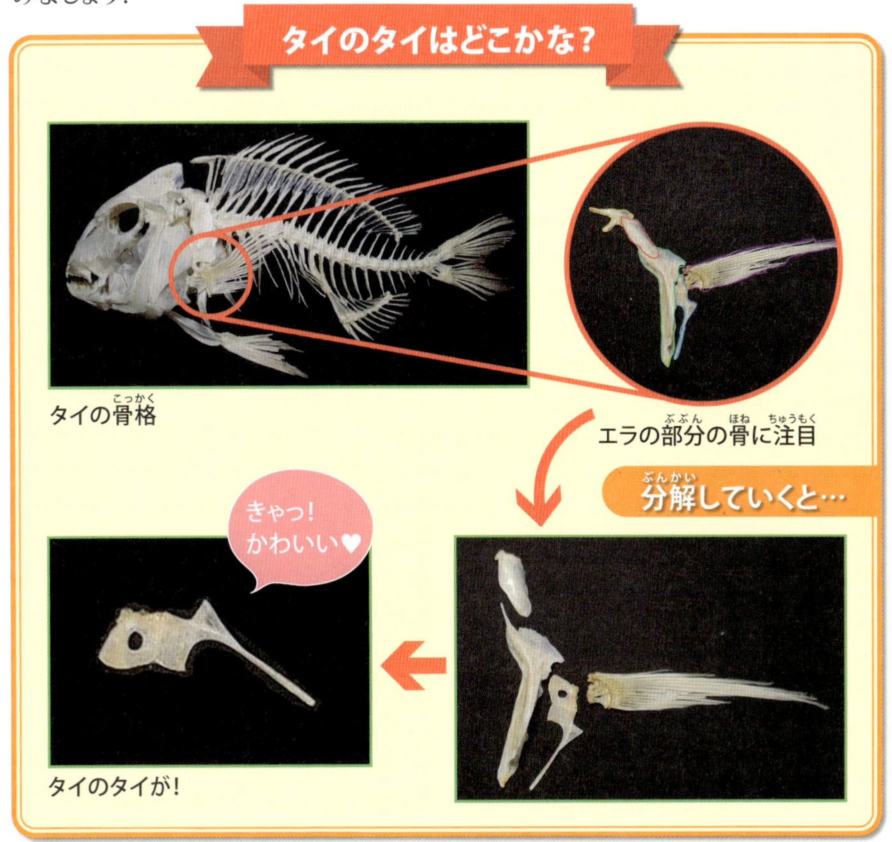

生活の中から骨を探す［アンコウ編］

Check! 魅惑の大きな口を持つ魚

魚を姿、その身そのままに販売している魚屋があります。そんな店に行くとさまざまな魚たちが所狭しと並んでいます。そんな中でもひときわ口の大きさに目を奪われる魚が…アンコウです！ どんな歯をしているの？ どんな骨なの？？ 気になったのなら骨にしてみましょう！ ちなみに、アンコウの骨は脱脂をする必要がないため、ほかの動物に比べてお手軽に骨格標本にできますよ。

アンコウは深海に生息する捕食者の魚です。頭部から突き出た発行する「釣り竿」で獲物をおびき寄せ、近づいてくると一気に襲い掛かります。またアンコウの歯は内向きに鋭く並んでいます。そのため獲物である魚がアンコウに飲み込まれたら最後、抵抗して逃げようともがけばもがくほど、口の奥へ奥へと誘い込まれる構造になっています。

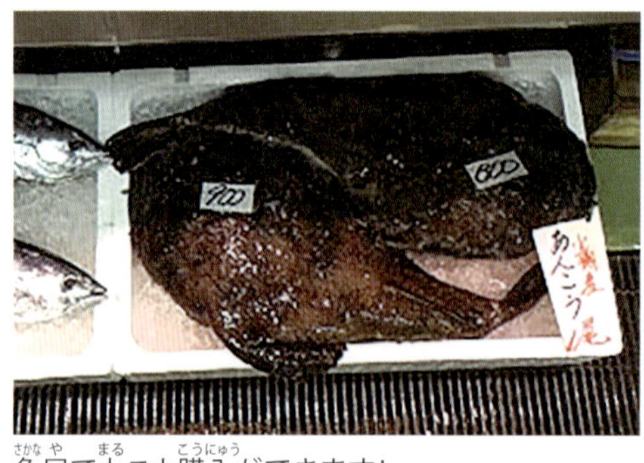

魚屋で丸ごと購入ができます！

アンコウの頭部の骨。口には鋭い歯が並んでいるのが分かります

Check! アンコウの標本作り

早速アンコウの頭を骨にしてみます！ アンコウの頭を骨にするには、できるだけ皮や肉を取り除きます。その際に熱湯をかけながら作業をすると取りやすくなります。そのまま骨を取り出していきますが、パーツがバラバラになるのを防ぐため関節部分は切らないように注意しましょう。

徐肉が完了した後は、臭いを消すために入れ歯洗浄剤につけてあげると臭みが消えます。洗浄剤は漬けたままにするとバラバラになってしまうので注意。そして形を整えてしっかり乾燥させれば完成です！

アンコウの標本の作り方

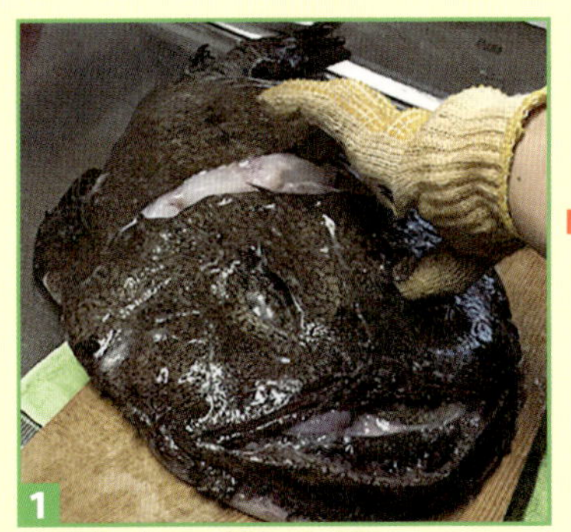

1 体は食べて頭だけ残しましょう

2 臭い消しのため入れ歯の洗浄剤に浸す

3 発砲スチロールなどを土台に、竹串を使って形を整えましょう

4 風通しの良いところで乾燥させ、台に接着剤で固定すれば完成！

生活の中から骨を探す[チキン編]

Check! 鶏の骨について知ろう

私たちの食生活の中でよく口にすることが多い骨付き肉といえば、やはり鳥肉(鶏)だと思います。そこでまずは鶏の骨の名前について学んでみましょう!

鶏の生肉(全身)

鶏の骨格図

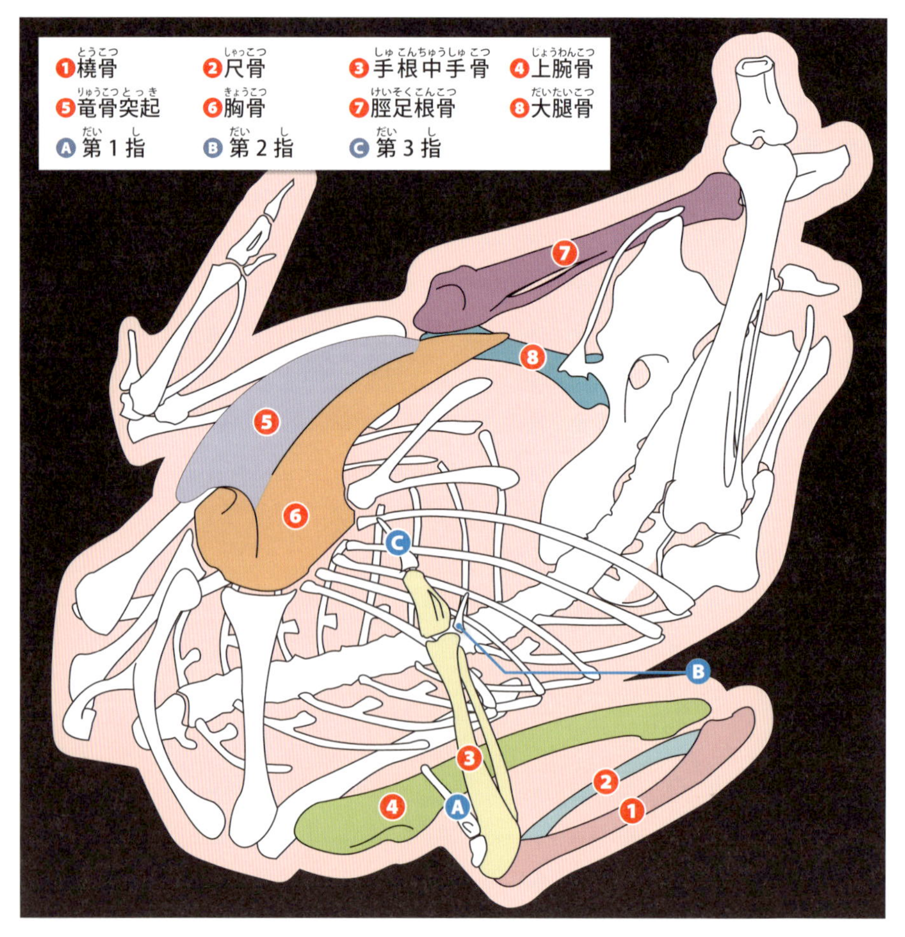

Check! この骨はどの部位？

みなさんは料理を食べ終えたときに出た骨は捨ててしまいますよね。でも自分が食べた骨が一体どこの骨だったのか、気になりませんか？ そんな時は骨がどの部位なのか調べてみましょう。

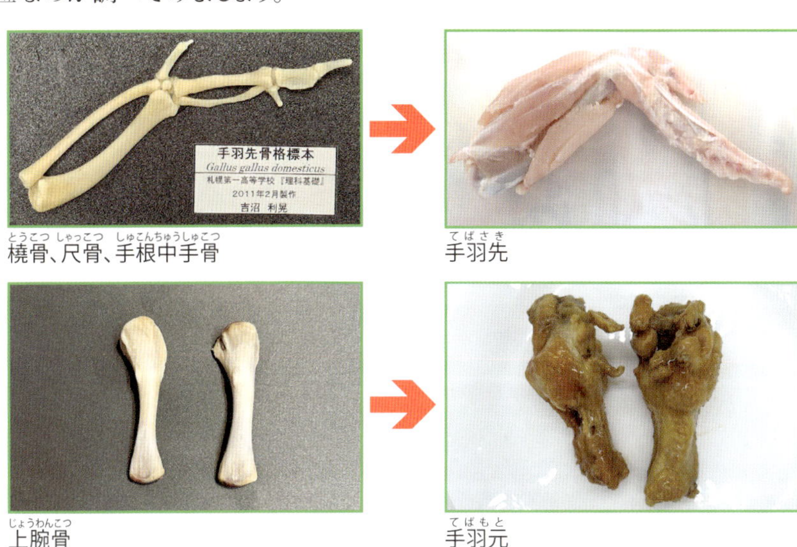

橈骨、尺骨、手根中手骨

手羽先

上腕骨

手羽元

Check! 標本を作ってみよう

丸ごとチキンは骨格を作るのに最適です。きれいに食べて、処理したら骨格図を参考に骨格標本作りにチャレンジしましょう。

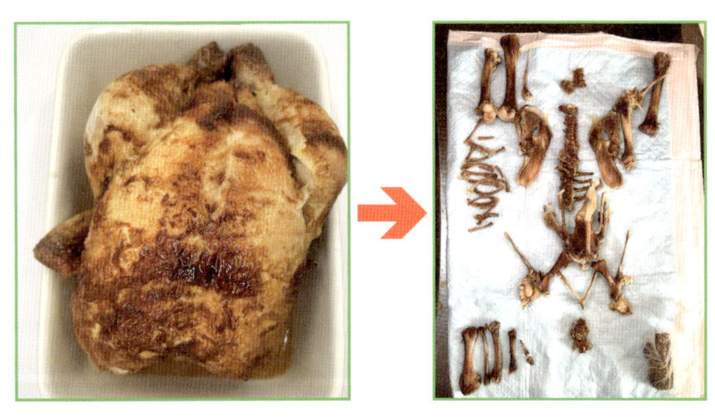

頭と足先以外の全身の骨が手に入ります。骨は部位ごとに取り分けましょう

生活の中から骨を探す[豚足編]

Check! 豚足骨格標本を作ってみよう

豚足は専門のお肉屋さんに行けば安価で一本がまるまる手に入る食材です。豚の足ですが、これを骨にすれば…手足の指先を感じることができる素敵な骨格を作ることができるのです！

豚足骨格標本の作り方

まずはきれいな骨を取り出そう！

1 豚足を煮込む

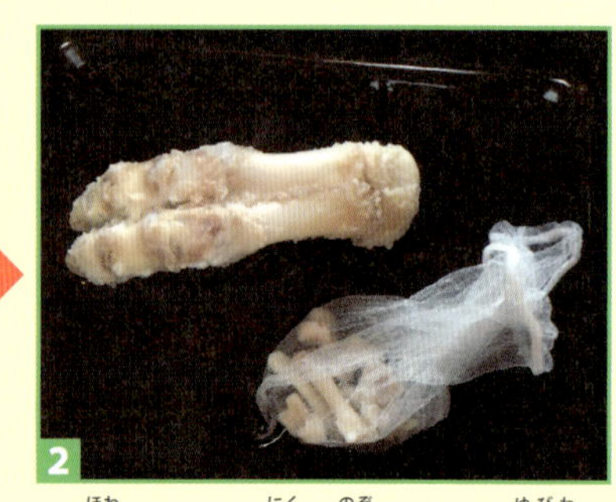

2 骨についた肉を除きながら指分けをする（指は4本あります）

3 細かな肉をとりながら、何度もコトコト「煮る洗う」を繰り返す

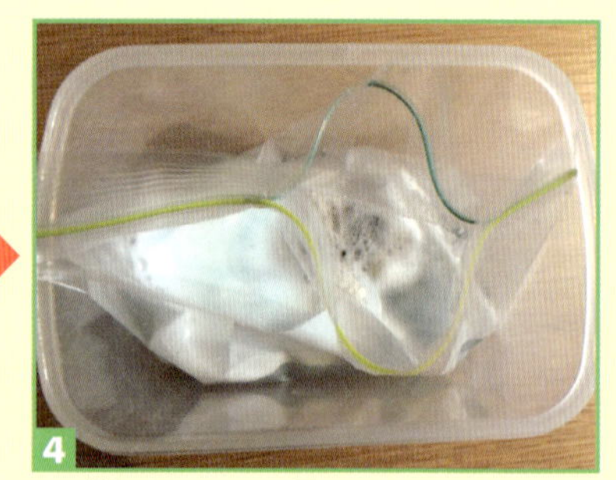

4 脂のヌメリが出なくなったら、入れ歯洗浄剤に浸す（何度か繰り返します）

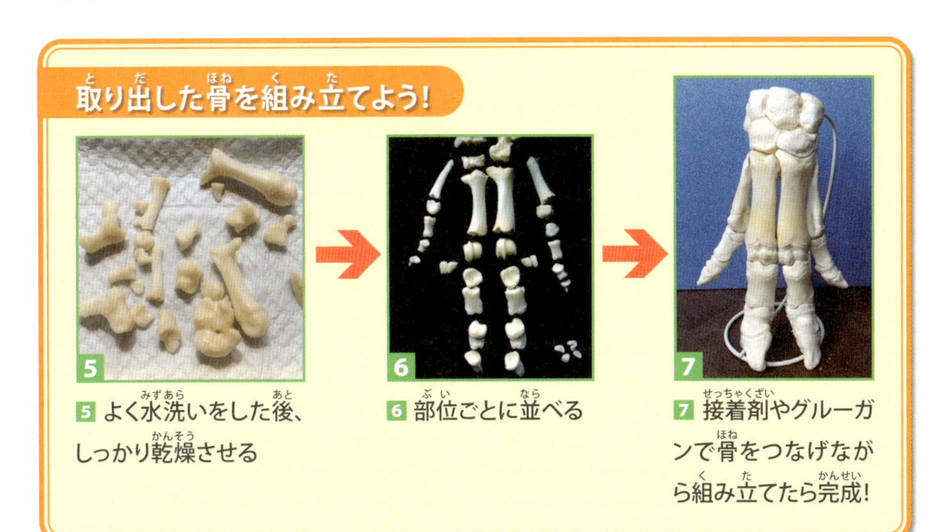

取り出した骨を組み立てよう!

5 よく水洗いをした後、しっかり乾燥させる

6 部位ごとに並べる

7 接着剤やグルーガンで骨をつなげながら組み立てたら完成!

Check! 手と足で形は違う?

豚の足は4本。ヒトでいう手と足になります。当然骨の作りも同じように見えて実は違います。あなたが作った骨は右手? 左手? 右足? 左足? 微妙な違いに気付けるかな?

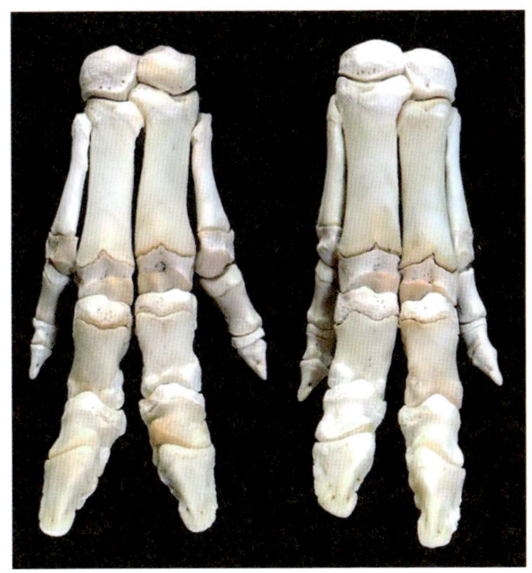

右手　左手

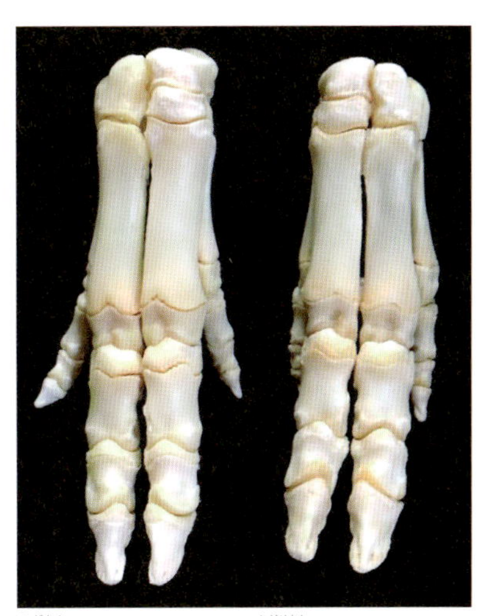

右足　左足

生活の中から骨を探す[スッポン編]

Check! 食べた後に貰おう

日々の食卓にスッポンが出てくる、ということはあまりないかもしれません。しかしスッポン料理は滋養強壮、美容・健康に良いとされていて、家族や友達が外食で食べる機会もあるかもしれません。そんな時は骨を手に入れるチャンスです！ もちろん自分で食べた時も同じで、「標本にしたいのでいただけませんか」とお店に頼むと意外とすんなりと貰えますよ。

小皿にもなる素敵な甲羅が

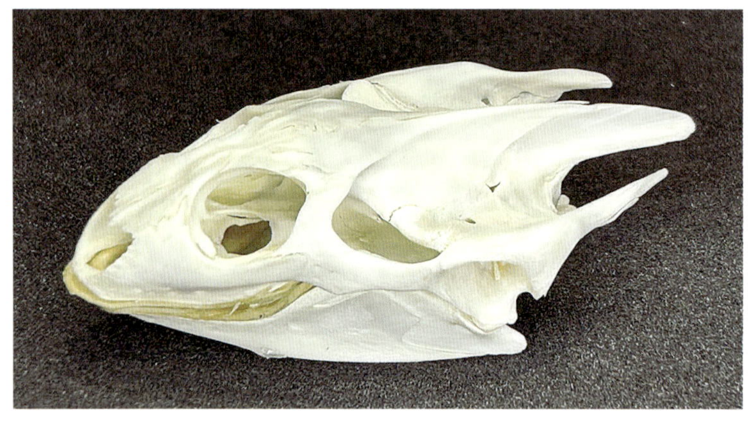

かなりかっこいいフォルムの頭骨

Check! 甲羅と頭骨

料理に使用されるすっぽんは骨自体がカットされていることが多く、捨てられてしまう部位もあります。ただ頭骨と甲羅はそのまま鍋に入っていることが多いので、持ち帰ることは意外と簡単です。骨に興味の出てきたあなたには、普段から骨収集グッズ（ビニールやゴム手袋、密閉できる袋など）を持ち歩くことをお勧めします！

生活の中から骨を探す［牛テール編］

Check! ついつい繋げたくなる骨

もし牛テールの料理を食べる機会があったら作りたいのがこの骨標本です！　なかなか丸ごと一本を手に入れることは難しいかもしれませんが、インターネットの通販サイトなどで販売しているところもあります。動物の尾骨はそのしなやかな動きを自在にするための形になっています。

筒切りで販売されることが多い牛テールを丸ごと一本購入

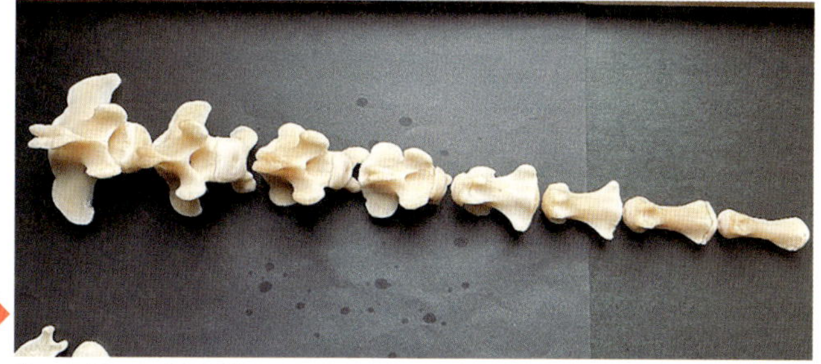

繋げて遊べる骨標本に！

Check! 動きを想像するのも楽しい

多くの動物の尾椎（尻尾の骨）は大きさ順にならんでいます。並べて関節にマグネット（磁石）を埋め込めば、しなやかに動くテール骨が出来上がります。動物によってさまざまな骨の形がありますが、その骨の形から動きを想像することも面白いですし、パズルにすれば学べる教材にもなるのです。

生活の中から骨を探す［乳歯編］

Check! 乳歯だって面白い

「骨」と「歯」はよく似ていますが、骨には血管が通っていて栄養を運んで成長したり、怪我をしても修復されたりします。しかし歯には血管が通っていないため、赤ちゃんの時に生えた乳歯は成長せず、代わりに6〜12歳くらいまでで大きく丈夫な永久歯へと生え変わります。こうして一生に一回、歯が生え変わる性質のことを「二生歯性」といいます。

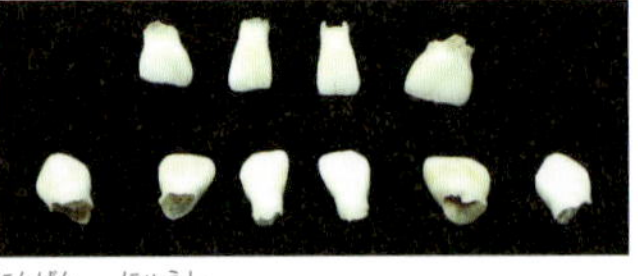

人間の乳歯

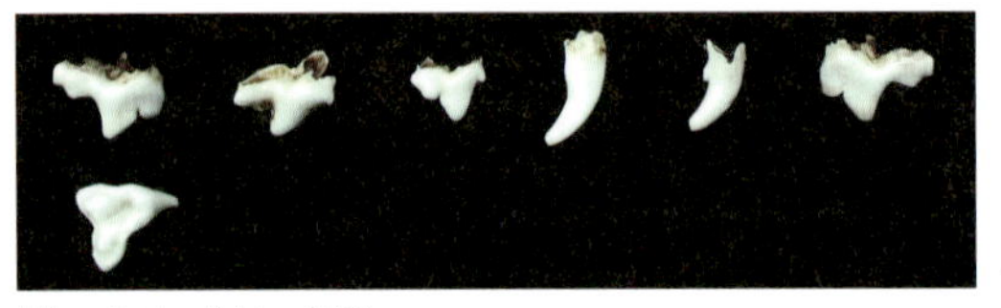

犬の切歯、犬歯、臼歯

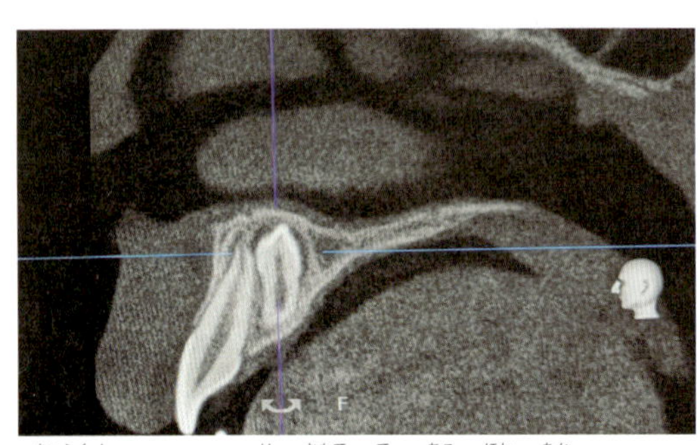

「埋伏歯」といって、歯が表に出ず顎の骨の中に埋まったままになることも

歯も綺麗に保存してあげよう

Check! 歯も立派な標本に

ヒトを含む哺乳綱の動物のほとんどは、歯が乳歯から永久歯へ変わります。ヒトの場合は永久歯が顎の中で成長すると乳歯の根が溶けて薄くなり、グラグラして抜けます。野生動物は歯が抜けた際に飲み込んだり地面に落ちてしまいますが、家で子犬や子猫を飼っている場合はよく注意して観察してみましょう！

生活の中から骨を探す 番外編[ウニ殻]

Check! 外骨格も生き物それぞれ

ヒトやヘビといった脊椎動物の体の中にある「内骨格」に対して、体の内部を守るために体の外側を保護している骨格を「外骨格」と呼んでいます。昆虫やカニのような甲殻類がそれにあたります。骨格を硬くするため骨にはカルシウムが含まれ、外骨格は主に炭酸カルシウムなどの多糖類、内骨格はリン酸カルシウムなどのタンパク質が含まれます。それぞれに魅力的な外骨格ですが、ここで構造的にも美しいウニの外骨格をご紹介します。

ニンジンを食べるムラサキウニ

棘が全て落ちた後のウニの外骨格

Check! ウニの外骨格をキレイに残すには

ウニには棘がありますが死を迎えるとその棘は抜け落ちます。皆さんがよく口にする高級食材の部分はウニの卵巣や精巣です。そんなウニの殻を残す時は、中身を出して洗い乾燥させます。乾燥が進むにつれ棘が落ち、イボイボとした丸みのある外骨格が残ります。中身が食べたい場合はキレイに割って後で接着する方法もありますが、形を保ちたければ割らずに口の部分からかき出すこともできます。

骨は語る① けがの跡がわかる骨

Check! **病院に行かずとも治る骨!!**

私たち人間は骨が折れた場合、病院で折れた骨を元の位置に戻して固定します。そうすることで後遺症を残さずに日常生活に戻ることができますが、病院に行けない野生生物は骨折が治ったとしても元通りに戻らないことがほとんどです。

左の写真は野生のハシブトガラスの足の部分の骨です。大腿骨が骨折し、再びくっ付いた跡があるのが見てわかります。ここまでずれて折れていたのにもかかわらず、自然の中で生き抜いたようです。その理由として、周りのカラスたちのサポートがあった、あるいは豊富な餌場で暮らしていたことが想像できます。

骨格図（上）のように本来まっすぐ伸びているはずの大腿骨が骨折した結果、ずれて癒合しています（左）。実際の鳥の大腿骨（上）と見比べてみましょう　※写真は鶏のもの

Check! 治るたびに強くなる骨

写真の骨は野生のエゾシカの中足骨（左右）です。左が骨折跡のない通常の骨、右が骨折後に治った跡のある骨です。この状態から推測するにポキっと折れ、ずれたものが治ったと思われます。野生の草食獣、特にエゾシカのような大型の草食獣が骨折すると肉食動物から真っ先に狙われるため、けがをした後の生存率はあまり高くありません。しかし、この骨の持ち主だったエゾシカは幸運にも後ろ足の骨折を乗り越え、その後も生き延びたようです。折れた骨は曲がりはしたものの、さらに強い足となって治癒しその後も生きていたことがわかります。

中足骨の左右で長さがほぼ均一なため、治癒後は歩行や走行に問題はなかったと想像できます

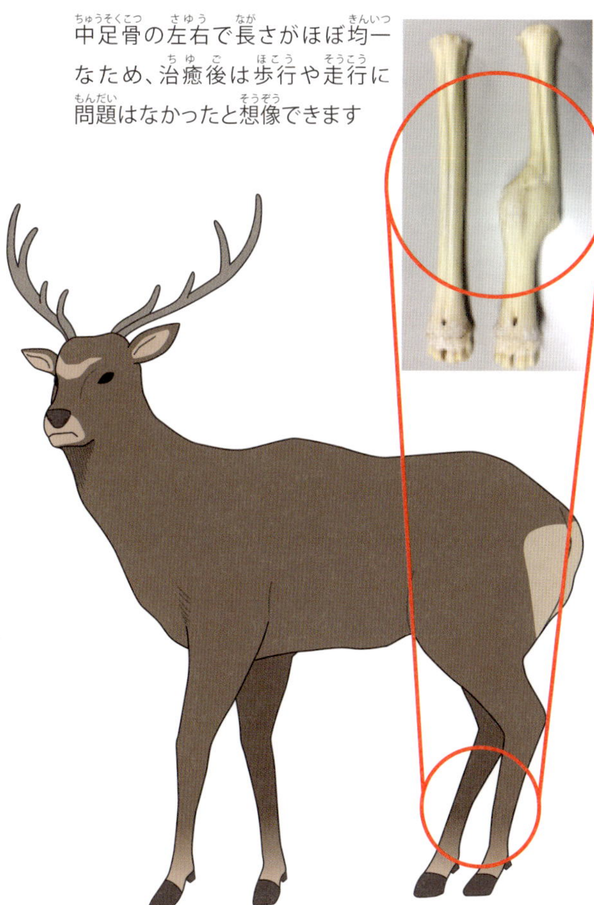

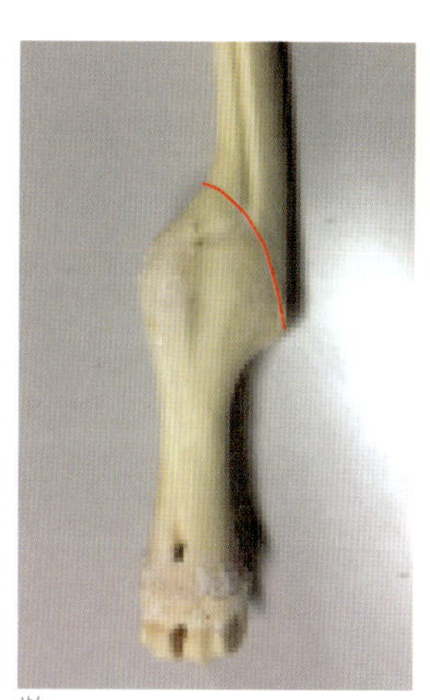

線のラインにひびがあり、この部分で折れたことがわかります

捕食者であるオオカミに襲われて食べられているシカ。日本にはオオカミはいませんが、海外ではケガを負っている弱い個体から狙われます

骨は語る② 死の原因がわかる骨

Check! 命を左右する腫瘍痕

日本人が亡くなる原因の1位が悪性新生物(腫瘍)、つまりがんです。がんが骨に転移すると、さまざまな痛みやしびれ、麻痺などの症状が現れます。

この写真の骨は北海道の固有種であるエゾユキウサギの頭骨です。動物園で飼育していたのですが、急に動けなくなり亡くなってしまいました。解剖してみると、下顎に大きな腫瘍が見つかりました。骨標本にしてみると下顎骨や歯も溶けていることがわかります。かなり痛かっただろうと想像できますね。胃の中身は空の状態でした。下顎の腫瘍のせいで食べることができなくなり、死につながったのだろうと推測できます。

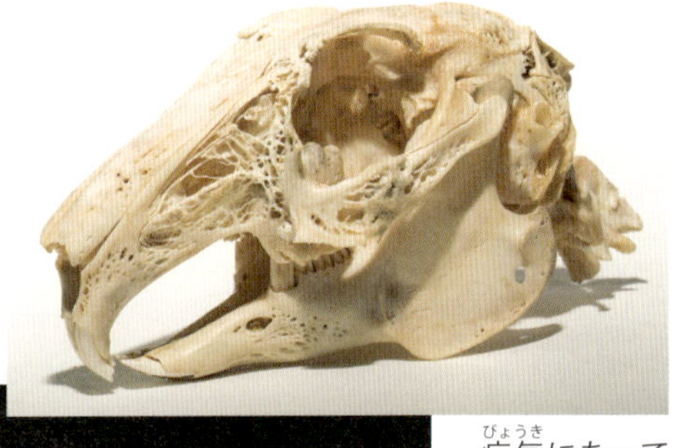

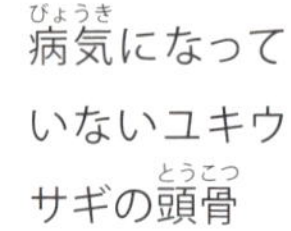

病気になっていないユキウサギの頭骨

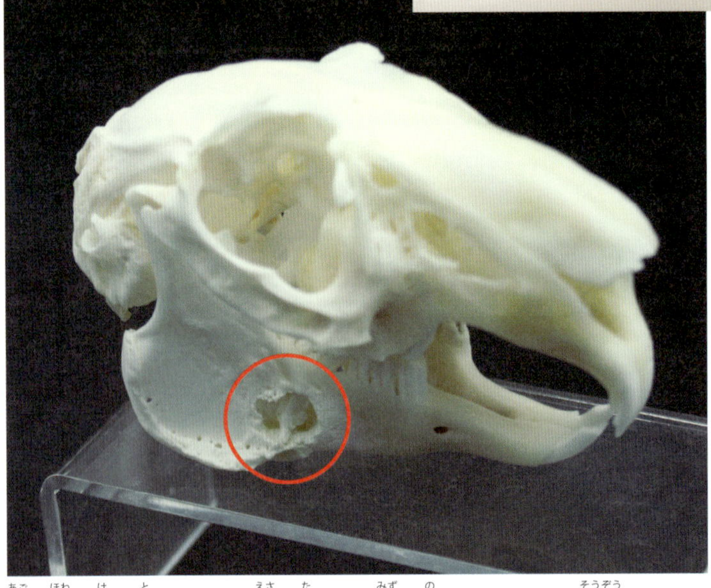

顎の骨や歯が溶けたことで餌を食べたり水が飲めなくなったと想像できます

Check! 野生動物VS人

野生動物と人との生活空間は重なりあうときがあります。作物への被害を含め人が何らかの被害を受けたとき、野生動物は駆除の対象として排除されるのです。写真の骨は散弾銃で駆除されたキタキツネの頭骨です。作物への食害のほか街中のゴミ捨て場、コンポストを荒らすことがあります。そのため個体数が増えすぎないよう、自治体の依頼で農地など人がいない場所で駆除されています。

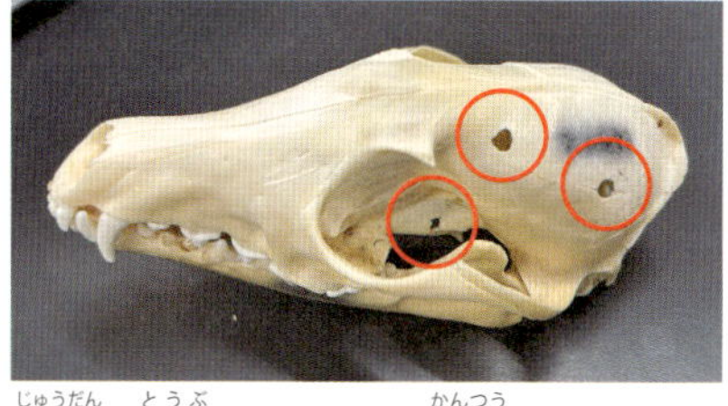

銃弾が頭部をしっかりと貫通していることがわかります

下の写真は北海道のヒグマの頭骨です。クマ罠に仕掛けて捕獲したヒグマに対して下顎を狙って猟銃（ライフル銃）で仕留めています。気候変動が原因なのか野生動物が餌を求めて人と接触する機会が増える中で、野生動物と人との境界線を考えさせられる骨ですね。

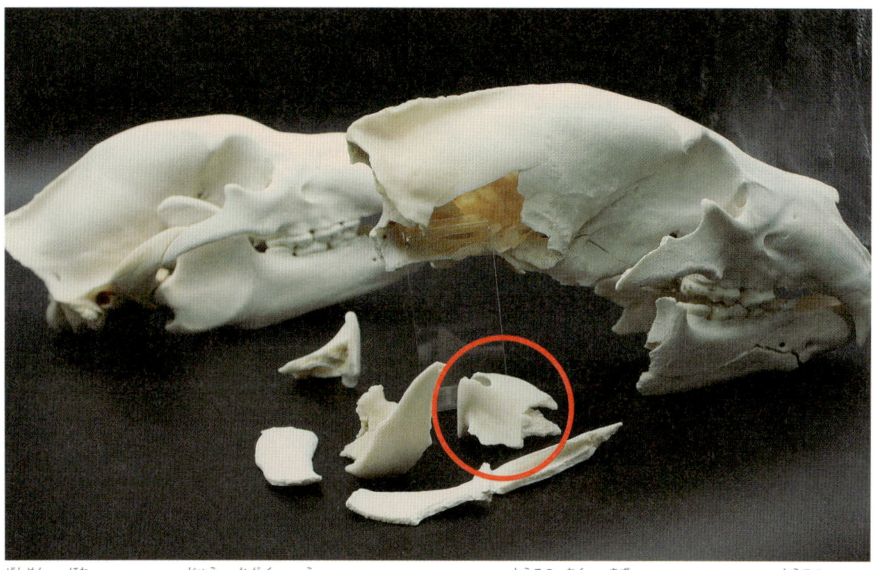

前面の骨がライフル銃で下顎を撃ちぬかれたヒグマの頭骨、奥が傷がないヒグマの頭骨。ライフルの弾は下顎をバラバラにする威力ですが、頭部正面の骨は硬く丸みを帯びているので銃弾をはじくことがあります

骨は語る③ 刃物の跡がある骨

Check! 骨から過去を感じる

現代の解析技術を用いることで遺跡から出土した骨の年代や環境を知ることが可能です。そのため発掘された骨を見ることでその骨がどのように扱われたのかを推測することができます。

写真は約1000年前の遺跡跡から出土した骨です。刃物の跡が付いていたり加工されています。この跡はその当時暮らしていた人によってつけられたもので、食べた後は残された骨を活用して生活に役立つものを作っていたことがわかります。

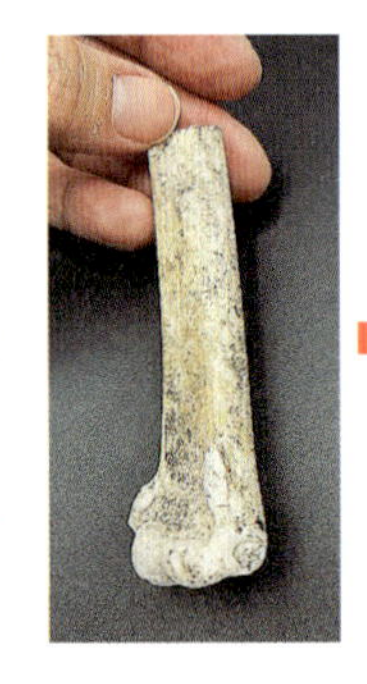

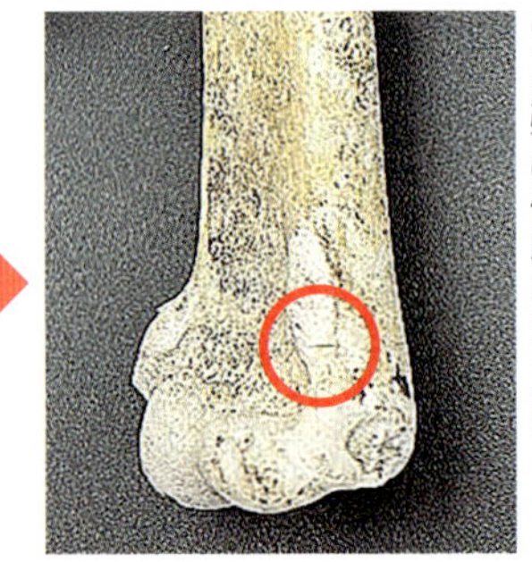

遺跡から見つかったニワトリの骨。刃物の傷跡があります

遺跡跡から発掘された骨の加工品

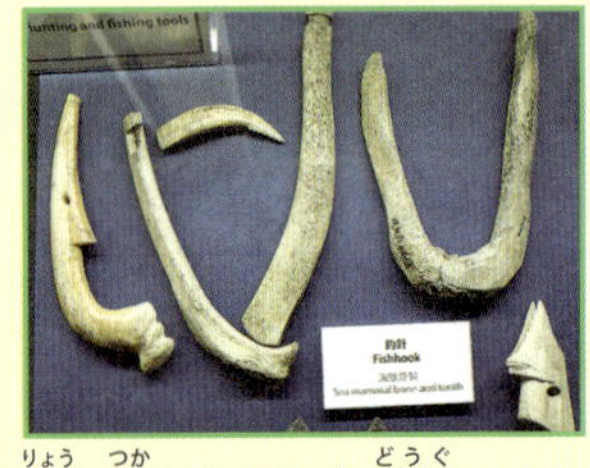

漁に使われていた道具

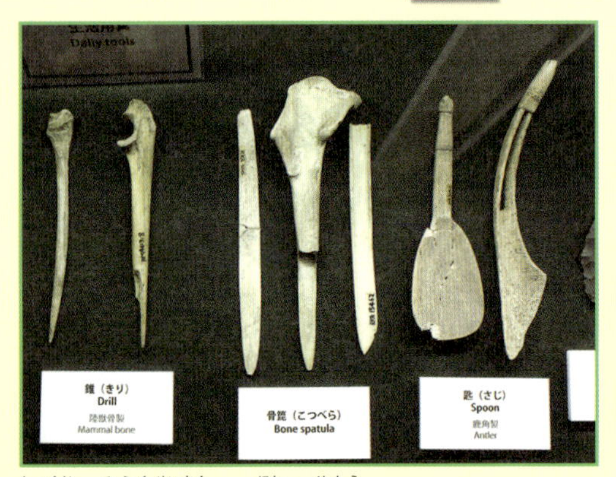

食事や被服製作にも骨が利用されていた

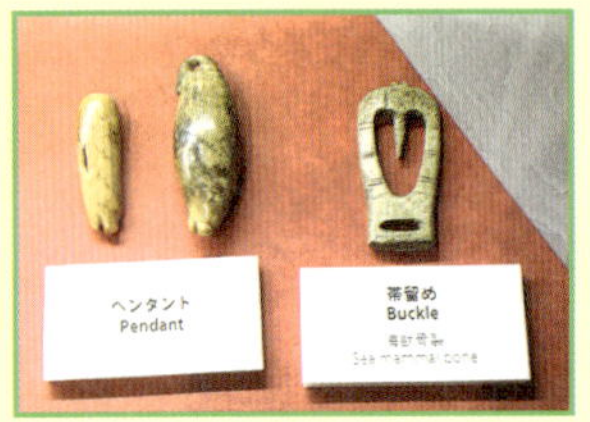

骨を加工した装飾品

骨は語る④ 鳥特有の骨髄骨

Check! 恐竜と鳥の繋がりが判明

ほとんどの鳥の骨は、骨の壁が薄く中が空洞になっています。しかし、中には画像のように部分的に骨に厚みが残る骨があります。この部分を「骨髄骨」と呼びます。

これは鳥が卵の殻をつくる時に必要なカルシウム成分を骨に蓄えることでできるもので、鳥特有の性質なのです。実は近年、この独特な骨が恐竜からも見つかったことで、恐竜から鳥類へ進化したという説がより有力になったのです。またこの骨髄骨は大人になったメスの卵巣から出てくる女性ホルモンによって作られます。

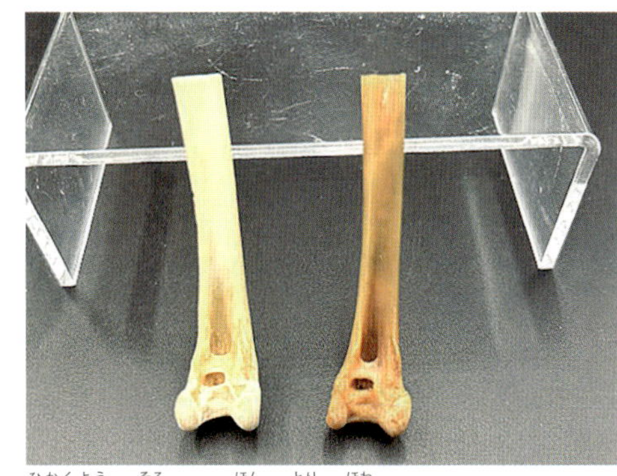

比較用に揃えた2本の鳥の骨

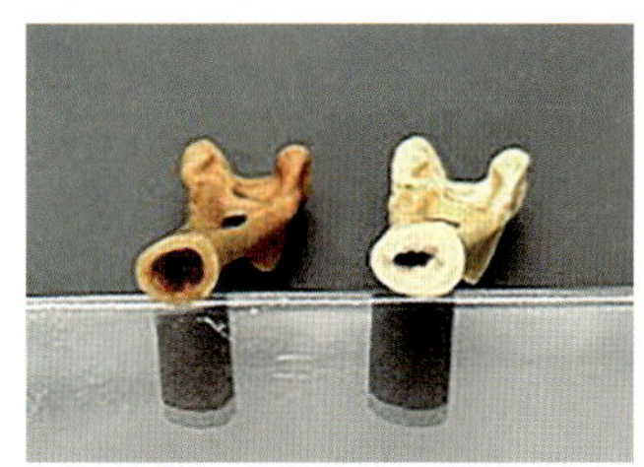

右の骨に注目。丸で囲った部分の空洞が狭く（骨が厚く）なっていることが分かります

これまで骨の化石が見つかっても、化石となった恐竜がオスなのかメスなのかは判別ができませんでした。しかし骨髄骨が発見されたことで、骨の中を調べるとその化石がオスかメスか分かるかもしれないのです。そうして今まで謎に包まれていた恐竜の暮らしの一部が明らかになる可能性もあります。産卵期の成熟したメスだけにあらわれる骨髄骨は、骨の中を覗くと初めて事実が分かるという、素敵な骨なのです。

ちなみにこの骨髄骨は鳥類の多くに見られる現象ですが、骨の中でも大腿骨と中足根骨にしかできません。また骨の中に蓄積される時間も種類によってばらつきがあり、例えばスズメ目の鳥は体内に16時間しか骨髄骨があらわれないそうです。

骨も生きている！

赤ちゃんの体には骨が無い？

ヒトの胎児には骨がありません。実は胎児の体内ではまずコラーゲンなどのタンパク質を主成分とする軟骨が作られ、やがてそれが硬骨と呼ばれる硬い骨へと作りかえられるのです。ヒトは生まれるまでにおよそ270個の骨が作られますが、次第にいくつかの骨は融合して206個に減ることが知られています。完成した骨は硬いですが、実は休むことなく部分的に溶かされてはまた作られるという現象を繰り返し、体の成長とともに骨もどんどん大きくなるのです。

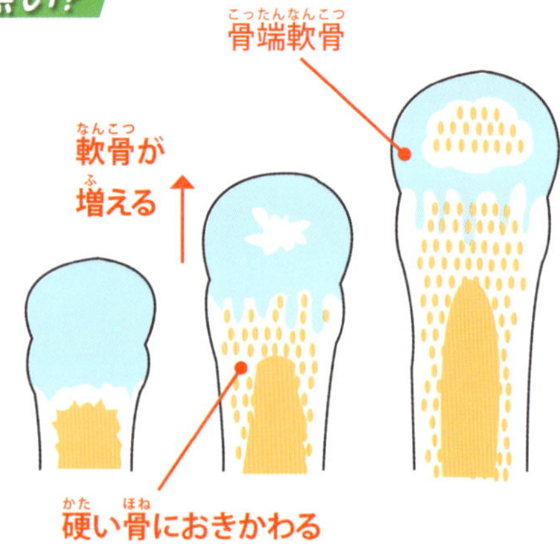

成長期の子どもの骨には「骨端軟骨」という柔らかい部分があります。

リサイクルされ続ける骨

大人になり骨の成長が止まっても、生きている限り骨は部分的に溶けては再生する「リサイクル」を繰り返します。骨折がきれいに治るのは折れた部分も溶かされ、スキマなく元の形に再生されるからです。年齢が若いほど骨折の治りが早いのは、再生する力が強いためです。この再生スピードは年齢とともに遅くなりますが、骨を溶かす働きは年齢を重ねてもあまり変わらないので、多くの人は年齢とともに骨の密度が減り、骨が弱くなります（骨粗しょう症）。

密度が高い健康な骨（断面）

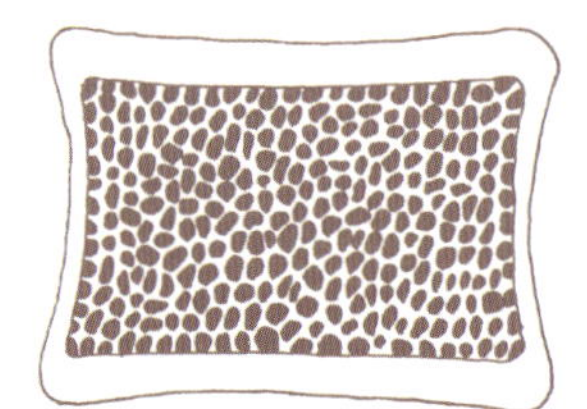

中身がスカスカな骨粗しょう症の骨（断面）

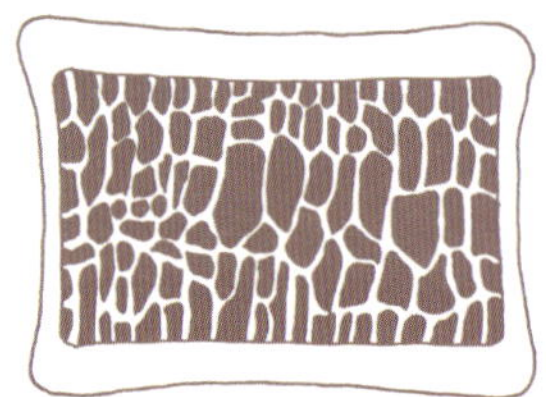

若く健康な骨に比べ、骨粗しょう症の骨は中がスカスカに

Check! 骨の中にある細胞

骨の中には骨を溶かす細胞(破骨細胞)と新しい骨をつくる細胞(骨芽細胞)があります。さらに骨の中のすき間にある骨髄という部分では、赤血球や白血球といった「血液細胞」が作られており、そこにも無数の細胞があります。ヒトが生きている間は骨の中にあるこれらの細胞も生きていますが、死ぬと骨の中の細胞も死に、やがては分解されてなくなってしまいます。

破骨細胞と骨芽細胞によって、骨は生まれ変わり続けるのです。

Check! 死後の骨はタイムカプセル

▲生きていた頃のマンモスのイメージ

細胞の中にはタンパク質、脂質、RNAやDNAといった物質が大量に含まれていますが、その中で最も壊れにくいのが遺伝情報をもっているDNAです。このDNAは場合によっては骨とともに100万年もの間、骨の中で保存されることがあります。実際にシベリアの凍土から発掘された165万年前のマンモスの歯から、ほぼ完全なDNAが取り出されました。そして遺伝子解析の結果、今まで未知だった新種のマンモスだったと証明されたこともあります。骨の中のDNAはまさにタイムカプセルといえます。

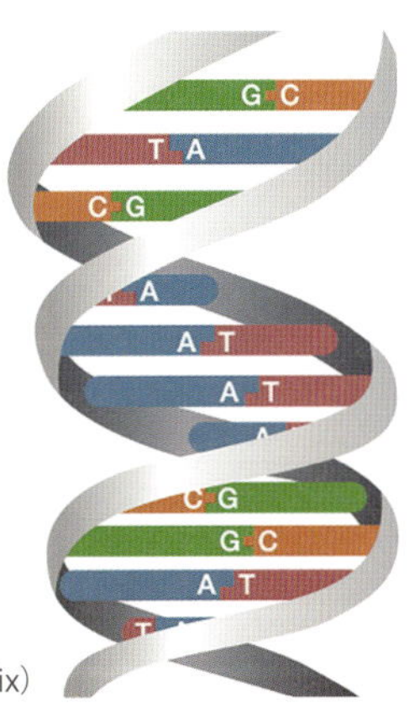

生物の「設計図」といわれる「DNA」の構造。
参考：研究ネット(https://www.wdb.com/kenq/illust/dna-double-helix)

ラベルを付ければ立派な標本！

Check! ラベルのひな形を活用しよう

これまで家庭でできる標本づくりについて解説をしてきました。そこで「いつ」「どこで」「誰が作ったのか」「どこで手に入れたのか」を、下記にあるラベルをコピーして記入しておきましょう。すると後々に役に立つことがあるほか、見た目もより標本感が増します！

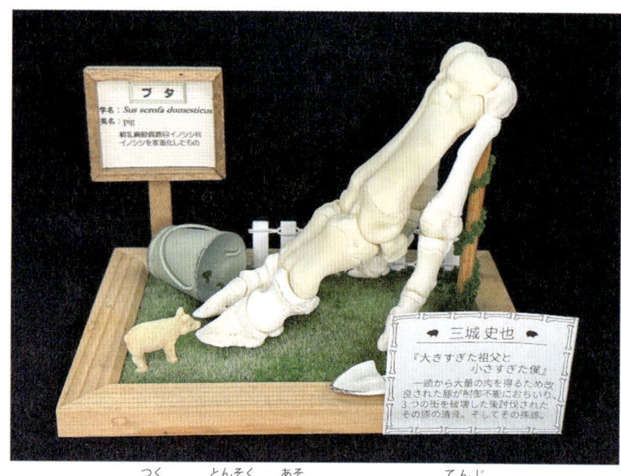

P108・109で作った豚足の遊びごころある展示

ハコフグを骨格標本にしよう

標本にしたあとにラベルを付けよう！

学 名：Ostraciidae
英 名：Bluespotted Boxfish
和 名：ハコフグ
入手日：2023.10
完成日：2023.12
備 考：オキシドールで漂白

コピーして自由に使ってね！

学　名：
英　名：
和　名：
入手日：
完成日：
備　考：

和　名：
入手日：
入手先：
製作日：
製作者：
備　考：

落ちた角のリサイクル!?

そういえば見ない「シカの角」

シカの角は毎年生え変わります。ではその際に落ちた角はどうなるでしょう? 山に住んでいるシカは生え落ちた角を当然、山に落とします。しかしみなさんが山に入った時に、道中で立派なシカの角を見る機会は少ないはずです。

その理由は山に住むほかの動物たちにとって、シカの角は貴重なカルシウム源であり、ネズミなどのげっ歯目によって齧られ形が崩れるからです。一見利用価値がないような落ち角も、自然界にとっては貴重な栄養源となるのです。そしてその山にはネズミを食べる野生動物もたくさん居るので、見事に落ちた角がリサイクルされていくのです。

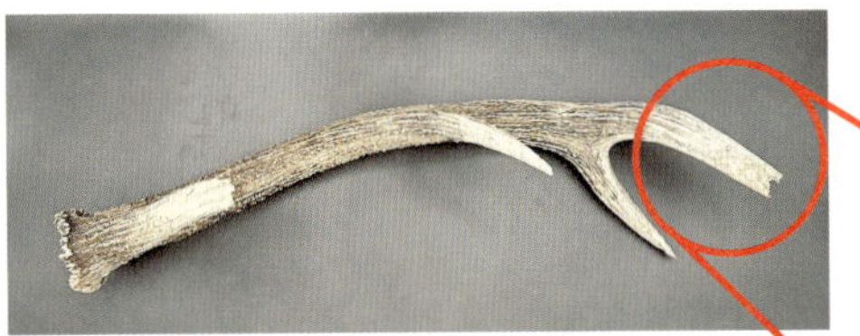

▲生え変わりで抜け落ちたシカの角

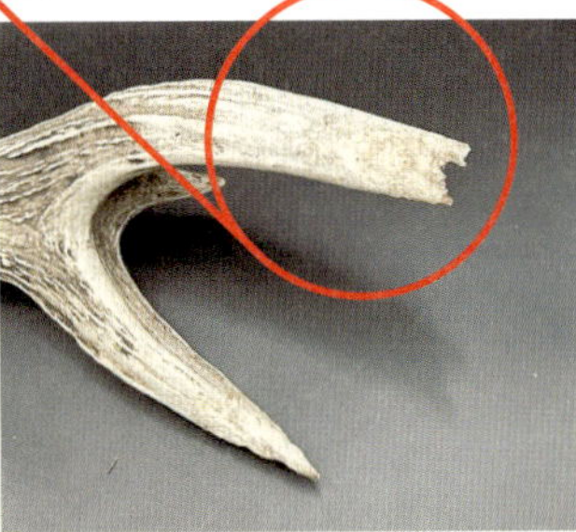

▶角の先を見ると、動物に齧られた跡があるのが分かる

骨を知って骨を楽しむ

骨に興味を持ったあなたへ

生活の中にある骨との出会いを、より深い学びにできる方法があります。それが「標本をつくる」ということです。お肉を食べた後、そのままの骨だと生ごみになってしまいますが、キレイに洗ってラベルをつけるとそれはもう立派な標本です。

今回、この本の第3章の執筆を担当したえぞホネ団Sapporoは、骨や生き物の不思議を「なんでだろう?」「面白いなあ!」と思ってみんなで一緒に観察し、考えるための標本を作っています。

本や博物館で色々調べるのも楽しい、でも自分で何かしてみたい! そんな方はえぞホネ団Sapporoが発行している冊子を是非参考にしてみてください。実際に外へ出て身近なホネを探してみたり、標本を作ってみたり、触れてみたりしてみましょう! より面白い発見が出来るはず。

えぞホネ団Sapporoのグッズ紹介

『家庭でできる豚足標本の作り方』夏休みの自由研究に最適。お肉屋さんで売ってる「豚足」で骨格標本を作ろう。

ほかにも剥製の作り方などの冊子や、オリジナルグッズも。面白く、楽しく骨と暮らそう。

えぞホネ団Sapporoのグッズ情報はこちら➡
https://ezohonesapporo.stores.jp/

骨をもっと身近に…

本物から型を取ったり、観察、計測したりして本物そっくりに作った模造品も「レプリカ」という種類の標本です。恐竜の骨など、発掘現場や研究機関から動かせないものは主にレプリカをとって形を研究したりもします。えぞホネ団Sapporoでは頭にかぶれるホネのレプリカを作って、みんなにホネを身近に感じてもらうイベントなども開催しています。

この本を手に取ってくださった方々へ

「骨」にはどうしても「死」のイメージがついて回ります。でもそれは、骨のせいではありません。骨が残りやすいから、どうしても死を恐れている私たちは生きた結果としての死を連想してしまうのだと思います。私たちえぞホネ団Sapporoは標本を通して、その生き物がどう生きたか、ということに思いを馳せてもらうために活動しています。実際に骨や剥製などの標本を見たり触ったりすることで「きれい!」「不思議…」「どうして?」と感動や探求心が湧いてきます。何より実際に自分の体を動かして探したり観察したり、作ってみたりと体験する中で感じ取れる喜びがあるはずです。お母さんのおなかの中で、まずは命があって、だんだん骨が出来ていきます。生まれた時はグニャグニャだった骨がだんだん形作られて立派な「あなた」が出来上がるわけです。骨を入り口にして、生きていることの素晴らしさを楽しんでいただければ幸いです。

えぞホネ団
Sapporo

えぞホネ団Sapporoの情報はこちら➡
https://ezohonesapporo.wixsite.com/home

用語集

【羽毛恐竜】
鳥綱の羽毛と同質の毛を持っていたとされる、獣脚類に属する恐竜。

【カルシウム】
骨や歯を作り、筋肉や神経の働きを助けるミネラル。主に骨の中に貯蔵。

【くちばし】
鳥綱やカメが持つ上下の顎の骨が突き出て、表面が角質化したもの。

【コラーゲン】
皮膚や骨、軟骨、血管など体のあらゆる部分に存在するタンパク質。

【叉骨】
左右二本ある鎖骨が癒合したV字状の骨。鳥綱と一部の恐竜が持つ。

【サバンナ】
草原に樹木が点在する、雨季と乾季がある地域。

【食肉目】
肉を食べる哺乳綱のグループ。クマのような雑食性の動物も属する。

【神経】
体の中にある細胞や組織と連絡を取り合うネットワークのこと。

【脊椎動物】
多数の椎骨がつながった脊椎（背骨）を持つ動物のグループ。

【臓器】
体の中で特定の働きをする部分で、心臓や肺、肝臓などがある。

【草食動物】
草や木の葉、芽、花、果実などを主食にする動物。

【胎児】
お母さんのおなかの中で成長する、生まれる前の赤ちゃんの呼び方。

【肉食動物】
動物の筋肉や骨、内蔵などを主食とする動物。

【熱帯雨林】
一年中高温多湿で、多様な動植物が生息する密な森林。

【歯】
食べ物を噛みくだき、発音や顔の表情にも関わる器官。

【は虫綱】
周囲の温度に応じて体温が変化する、乾いたうろこを持つ動物。

【蹄】

哺乳綱の四肢端に生えた角質の爪のこと。偶蹄目と奇蹄目の動物が持つ。

【皮膚】

暑さや寒さ、太陽光線、摩擦、毒物などから体を守る働きをする臓器。

【氷期】

地球の気温が下がり、氷河が広がる時代。約1万年前が最後の氷期。

【標本】

動植物や鉱物などを研究や観察のために保存した見本。

【ひれ】

魚や両生綱が水中を泳ぐために用いる器官。背中や体側、尾部に存在。

【北極】

地球の北の端にある、とても寒い氷の広がる場所。周辺の海は北極海と呼ぶ。

【捕食者】

他の生物を捕獲して食べる動物。特定の生物が対象の場合、天敵と呼ぶ。

【哺乳綱】

母親の母乳で育つ動物。一部を除いて子どもは胎児で生まれる。

【無脊椎動物】

カニや昆虫、貝など脊椎を持たない動物のグループ。

【夜行性】

天敵を避けるなどの理由で、夜に活動し昼は休む動物の性質。

【有袋類】

未熟状態で生まれる赤ちゃんを育児嚢と呼ばれる袋で育てる哺乳綱。

【両生】

水中と陸上の両方の生活環境が必要な動物の性質。

【鱗甲板】

皮膚が変化した骨状の板。生後すぐは柔らかく、数週間をかけて硬くなる。

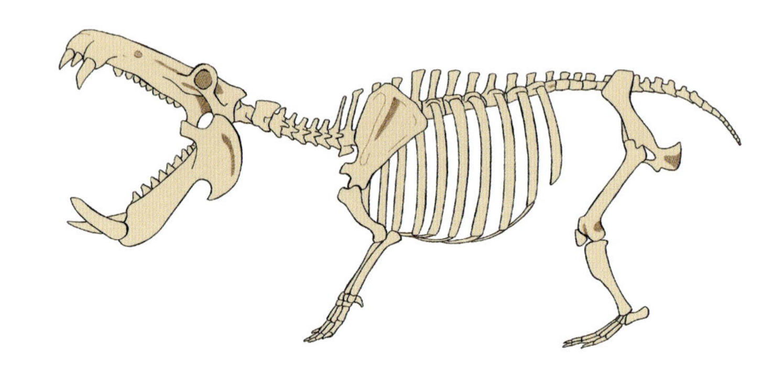

［企画・編集］浅井 精一、相馬 彰太、魚住 有
［Design・編集］CD,AD 垣本 亨
［イラスト］松井 美樹
［制　作］株式会社カルチャーランド

みんなが知りたい! 骨のすべて
ホネからわかる生きものたちの進化と生態

2025年4月25日　第1版・第1刷発行

監　修　えぞホネ団Sapporo (えぞほねだんさっぽろ)
発行者　株式会社メイツユニバーサルコンテンツ
代表者　大羽 孝志
〒102-0093東京都千代田区平河町一丁目1-8
印　刷　シナノ印刷株式会社

 ISBN978-4-7804-2980-0　C8045　Printed in Japan.

ご意見・ご感想はホームページから承っております。
ウェブサイト　https://www.mates-publishing.co.jp/

企画担当：折居かおる